上海市工程建设规范

太阳能与空气源热泵热水系统应用技术标准

Technical standard for solar energy and air-source heat pump water heating system

DG/TJ 08－2316－2020
J 15142－2020

主编单位：上海交通大学
　　　　　上海市太阳能学会
批准部门：上海市住房和城乡建设管理委员会
施行日期：2020 年 9 月 1 日

同济大学出版社

2020　上海

图书在版编目(CIP)数据

太阳能与空气源热泵热水系统应用技术标准/上海交通大学,上海市太阳能学会主编. --上海:同济大学出版社,2020.8
ISBN 978-7-5608-9275-7

Ⅰ.①太… Ⅱ.①上…②上… Ⅲ.①太阳能水加热器－热水供应系统－技术标准－上海②热泵系统－热水供应系统－技术标准－上海 Ⅳ.①TU822-65

中国版本图书馆 CIP 数据核字(2020)第 101094 号

太阳能与空气源热泵热水系统应用技术标准

上海交通大学
上海市太阳能学会 主编

策划编辑　张平官
责任编辑　朱　勇
责任校对　徐春莲
封面设计　陈益平

出版发行　同济大学出版社　www.tongjipress.com.cn
　　　　　(地址:上海市四平路1239号　邮编:200092　电话:021－65985622)

经　　销　全国各地新华书店
印　　刷　浦江求真印务有限公司
开　　本　889mm×1194mm　1/32
印　　张　3.375
字　　数　91000
版　　次　2020年8月第1版　2020年8月第1次印刷
书　　号　ISBN 978-7-5608-9275-7
定　　价　30.00元

本书若有印装质量问题,请向本社发行部调换　版权所有　侵权必究

上海市住房和城乡建设管理委员会文件

沪建标定〔2020〕140号

上海市住房和城乡建设管理委员会
关于批准《太阳能与空气源热泵热水系统应用技术标准》为上海市工程建设规范的通知

各有关单位：

由上海交通大学、上海市太阳能学会主编的《太阳能与空气源热泵热水系统应用技术标准》，经我委审核，现批准为上海市工程建设规范，统一编号为 DG/TJ 08－2316－2020，自 2020 年 9 月 1 日起实施。

本规范由上海市住房和城乡建设管理委员会负责管理，上海交通大学负责解释。

特此通知。

上海市住房和城乡建设管理委员会
二〇二〇年三月三十日

前 言

本标准根据上海市住房和城乡建设管理委员会《关于印发〈2017年上海市工程建设规范编制计划〉的通知》(沪建标定〔2016〕1076号)的要求,由上海交通大学、上海市太阳能学会组织有关单位编制而成。

本标准主要内容包括:总则、术语与符号、基本规定、建筑规划和设计、系统设计、安装与施工、工程验收、性能检测、运行管理与维护等。

各单位及相关人员,在执行本标准过程中如有建议和意见,请反馈至上海交通大学(地址:上海市东川路800号;邮编:200240;电话:021-34204358),或上海市建筑建材业市场管理总站(地址:上海市小木桥路683号;邮编:200032;E-mail:bzglk@zjw.sh.gov.cn),以便修订时参考。

主 编 单 位:上海交通大学
　　　　　　上海市太阳能学会
参 编 单 位:上海市建筑科学研究院(集团)有限公司
　　　　　　同济大学建筑设计研究院(集团)有限公司
参 加 单 位:上海玄思科技实业有限公司
　　　　　　上海博阳新能源科技股份有限公司
　　　　　　上海彦安机电工程有限公司
　　　　　　上海源恒太阳能设备有限公司
　　　　　　山东力诺瑞特新能源有限公司
　　　　　　浙江柿子新能源科技有限公司
　　　　　　上海弘正新能源科技有限公司

主要起草人：代彦军　王安石　张德明　车学娅　杨建荣
　　　　　　白燕峰　寇玉德　冯　君　范宏武　赵　耀
　　　　　　徐　瑶　陈道川　张　露　张文宇　张　倩
　　　　　　林志坚　李晓峰　谢瑞清　马光柏　唐玉敏
　　　　　　封安华　张　昀　张明亮　陈海杉
主要审查人：徐　凤　沈文渊　朱伟民　古小英　刘晓燕
　　　　　　冯　玮　叶谋杰

上海市建筑建材业市场管理总站
2020 年 1 月

目 次

1 总 则 ·· 1
2 术语与符号 ·· 2
  2.1 术 语 ·· 2
  2.2 符 号 ·· 4
3 基本规定 ·· 7
4 建筑规划和设计 ··· 8
  4.1 一般规定 ··· 8
  4.2 建筑设计 ··· 8
  4.3 结构设计 ··· 10
  4.4 电气设计 ··· 10
5 系统设计 ·· 12
  5.1 一般规定 ··· 12
  5.2 系统选择匹配 ·· 12
  5.3 集热器与热泵主机设计要求 ································ 13
  5.4 水箱(罐)设计 ·· 16
  5.5 管道及循环泵设计 ··· 17
  5.6 监控系统设计 ·· 18
  5.7 热水系统保温 ·· 19
6 安装与施工 ·· 21
  6.1 一般规定 ··· 21
  6.2 基座与支架 ··· 22
  6.3 集热器、热泵主机与水箱(罐) ····························· 23
  6.4 管道、附件及循环泵 ·· 24
  6.5 电气与自动控制系统 ··· 25

  6.6 水压试验与冲洗 ··· 25
  6.7 系统调试 ··· 26
7 工程验收 ··· 27
  7.1 一般规定 ··· 27
  7.2 基座与支架 ··· 27
  7.3 集热器、热泵主机与水箱(罐) ······························ 28
  7.4 管道、电气控制系统 ··· 30
  7.5 分项工程 ··· 32
8 性能检测 ··· 33
  8.1 一般规定 ··· 33
  8.2 测试条件 ··· 34
  8.3 测试设备 ··· 34
  8.4 测试方法 ··· 35
9 运行管理与维护 ··· 42
  9.1 一般规定 ··· 42
  9.2 安全检查 ··· 42
  9.3 集热循环系统的运行管理与维护 ···························· 43
  9.4 空气源热泵机组的运行管理与维护 ························ 43
  9.5 循环泵的运行维护管理 ·· 44
  9.6 自动控制系统的运行管理与维护 ··························· 44
附录 A 不同建筑类型太阳能与空气源热泵热水系统组合选型
     ··· 45
附录 B 太阳能与空气源热泵热水系统分项工程检验批质量
     验收记录 ·· 46
附录 C 太阳能与空气源热泵热水系统分项工程质量验收记录
     ··· 47
附录 D 太阳能与空气源热泵热水系统工程质量验收记录
     ··· 48

附录E 太阳能与空气源热泵热水系统维护报告表 ………… 50
本标准用词说明 …………………………………………… 51
引用标准名录 ……………………………………………… 52
条文说明 …………………………………………………… 55

Contents

1 General provisions ···································· 1
2 Terms and symbols ································· 2
   2.1 Terms ··· 2
   2.2 Symbols ·· 4
3 Basic requirements ·································· 7
4 Architecture planning and design ············· 8
   4.1 General requirements ······················· 8
   4.2 Architecture design ·························· 8
   4.3 Structure design ······························ 10
   4.4 Electrical design ······························ 10
5 System design ·· 12
   5.1 General requirements ······················· 12
   5.2 System selection and matching ·········· 12
   5.3 Design requirement of solar energy and air-source heat pump system ····································· 13
   5.4 Design of water tank ························ 16
   5.5 Design of pipeline and circulating pump ········· 17
   5.6 Design of control system ··················· 18
   5.7 System heat preservation ·················· 19
6 Installation and operation ························ 21
   6.1 General requirements ······················· 21
   6.2 Base and bracket ···························· 22
   6.3 Collectors, heat pump compressor and water tank ··· 23

6.4	Pipeline, accessory and circulating pump	24
6.5	Electrical and automatic control system	25
6.6	Hydrostatic test and flushing	25
6.7	System commissioning	26
7 Project acceptance		27
7.1	General requirements	27
7.2	Base and bracket	27
7.3	Collectors, heat pump compressor and water tank	28
7.4	Pipeline and electrical control system	30
7.5	Sub-project	32
8 Performance measuring		33
8.1	General requirements	33
8.2	Test condition	34
8.3	Test equipment	34
8.4	Test methods	35
9 Operation and maintenance		42
9.1	General requirements	42
9.2	Security inspection	42
9.3	Operation and maintenance of collector cycle system	43
9.4	Operation and maintenance of air-source heat pump	43
9.5	Operation and maintenance of circulating pump	44
9.6	Operation and maintenance of control system	44
Appendix A System selection for different types of buildings		45

Appendix B　Solar energy and air-source heat pump hot water system sub-project inspection lot quality acceptance record ·································· 46

Appendix C　Solar energy and air-source heat pump hot water system sub-project quality acceptance record
·· 47

Appendix D　Solar energy and air-source heat pump hot water system project quality acceptance record ······ 48

Appendix E　Solar energy and air-source heat pump hot water system maintenance chart ·························· 50

Explanation of wording in this standard ·························· 51

List of quoted standards ·· 52

Explanation of provisions ··· 55

1 总　则

1.0.1 为贯彻国家可再生能源利用与建筑节能的相关法规和政策，规范本市太阳能与空气源热泵热水系统的应用，特制定本标准。

1.0.2 本标准适用于新建、扩建和改建民用建筑中采用太阳能与空气源热泵热水系统的工程设计、安装与施工、验收、性能检测及运行维护。

1.0.3 太阳能与空气源热泵热水系统除应符合本标准外，尚应符合国家、行业和本市现行有关标准的规定。

2 术语与符号

2.1 术 语

2.1.1 太阳能热水系统 solar water heating system

将太阳能转换为热能以制取热水并输送至各用户所必须的完整系统,通常包括太阳能集热器、热交换设施、储水设施、循环泵、连接管路、智能控制系统、辅助热源设施、高温高压散热设施和定压补液设施等。

2.1.2 空气源热泵热水装置 air-source heat pump water heater

一种依靠电能驱动,通过热泵循环,将空气的热能转移到被加热的水中用以制取热水的设备。

2.1.3 太阳能与空气源热泵热水系统 solar energy and air-source heat pump water heating system

太阳能与空气源热泵集成结合的热水系统称为太阳能与空气源热泵热水系统。

2.1.4 直膨式太阳能热泵热水系统 direct-expansion solar heat pump water heating system

一种利用电驱动的蒸汽压缩热泵循环,以太阳能集热器作为蒸发器,将太阳能及空气热能转移到被加热的水中来制取热水的系统。

2.1.5 非直膨式太阳能热泵热水系统 indirect-expansion solar heat pump water heating system

一种采用水、空气或防冻液等集热工质在太阳能集热器中吸收热量,将热量转移到被加热的水或作为蒸发器热源经热泵循环升温后再传递到被加热的水中来制取热水的系统。本标准主要涉及并联式太阳能与空气源热泵热水系统。

2.1.6 并联式太阳能与空气源热泵热水系统 solar heat pump water heating system in parallel connection

一种太阳能集热循环与热泵循环各自独立运行,后者仅作为前者不能满足供热需求时的辅助热源的系统。

2.1.7 分散式热水系统 individual hot water supply system

集热器、热泵热水装置、水箱(罐)及循环管路设备均为各户独立的太阳能与空气源热泵热水系统。

2.1.8 集中式热水系统 central hot water supply system

集热器、热泵热水装置、水箱(罐)及循环管路设备共享向多个用户提供热水的太阳能与空气源热泵热水系统。

2.1.9 集中-分散式热水系统 central-individual hot water supply system

采用集中的太阳能热泵热水装置和分散的供热水箱(罐)供给一幢或多幢建筑物或多户所需热水的系统。

2.1.10 供热水箱(罐) hot water supply tank

太阳能与空气源热泵热水系统中,用于向用户供应热水的装置。

2.1.11 集热水箱(罐) heat storage tank

太阳能与空气源热泵热水系统中,用于收集太阳热能并储存热水的装置,根据系统设计需求,可向供热水箱(罐)供热水或直接向用户供应热水。

2.1.12 太阳能保证率 solar fraction

在水箱(罐)容积给定的太阳能子系统中,水温从初始温度升至目标温度的过程中,太阳能子系统的集热量占系统总加热量的百分比。

2.1.13 太阳能贡献率 solar contribution ratio

实际应用中,考虑到由于储热、输送等过程产生的热损失,太阳能子系统的集热量占用户实际使用热水所需总加热量的百分比。

2.1.14 热泵性能系数（COP） coefficient of performance of heat pump heater

热泵机组的制热量与热泵机组（压缩机）消耗功率之比。

2.1.15 系统性能系数（COP_s） coefficient of performance of solar energy and air-source heat pump water heating system

太阳能与空气源热泵热水系统制热量与系统总消耗功率之比。系统总消耗功率包括热泵装置消耗功率、循环泵消耗功率、增压水泵消耗功率等。

2.1.16 负荷率 load ratio

系统的运行负荷与设计负荷之比。

2.2 符 号

2.2.1 太阳能参数

f——太阳能保证率；

η_c——太阳能子系统集热效率；

A——太阳能子系统集热器总面积；

H——总太阳辐照量；

Q_c——太阳能子系统集热量；

m_{ci}——第 i 次记录的太阳能子系统水的流量；

t_{hci}——第 i 次记录的太阳能子系统出口温度；

t_{lci}——第 i 次记录的太阳能子系统进口温度；

t_{hc}——太阳能子系统热水温度；

t_{lc}——太阳能子系统冷水温度；

θ——太阳能贡献率。

2.2.2 热泵参数

P——热泵的输入功率；

COP_d——直膨式太阳能热泵热水系统性能系数；

COM_a——并联式太阳能与空气源热泵热水系统性能系数；

COP——热泵性能系数；

Q_{hp}——热泵加热量；

W_{hp}——热泵电耗。

2.2.3 热水系统参数

Q_r——设计日热水量；

n——用水计算单位数；

q_r——热水用水定额；

Q_g——系统平均小时供热量；

C——水的定压比热容；

t_h——热水温度；

t_l——冷水温度；

ρ_w——水的密度；

b_1——同日使用率（住宅建筑为入住率）；

T_1——系统设计工作时间；

K——安全系数；

Q_h——系统平均小时耗热量；

η_l——系统集热损失系数；

V_s——供热水箱（罐）有效容积；

T——设计小时耗热量持续时间；

η——有效储热容积系数；

Q_s——系统加热量；

l——总记录数；

m_{wi}——第 i 次记录的水的流量；

t_{hi}——第 i 次记录的供水侧高温水温度；

t_{li}——第 i 次记录的供水侧低温水温度；

ΔT_i——第 i 次记录的时间间隔；

V——水箱（罐）容积；

W_s——系统总电耗；

P_s——系统用电设备功率；

COP_s——系统性能系数；

Q_l——由于储热、输送等过程产生的热损失；

$t_{h'}$——实际使用时或空气源热泵子系统开启补热前的热水温度；

η_s——系统供热损失系数；

U_{SL}——水箱（罐）热损系数；

$\Delta\tau$——降温时间；

t_f——水箱（罐）最终水温；

t_i——水箱（罐）初始水温；

$t_{as(av)}$——降温期间平均环境温度。

3 基本规定

3.0.1 太阳能与空气源热泵热水系统设计应纳入建筑工程的统一规划、同步设计、同步施工和验收，与建筑工程同时投入使用。

3.0.2 太阳能与空气源热泵热水系统的设计应进行技术经济分析，充分考虑用户使用、施工安装和维护的要求，符合节能、节水、节地、节材、安全卫生、环境保护等有关规定。

3.0.3 太阳能与空气源热泵热水系统应采取防冻、防结露、防过热、防渗漏、防雷、抗雹、抗风、抗震及电气安全等技术措施。

3.0.4 太阳能与空气源热泵热水系统的安装应符合相关建筑施工质量验收标准的规定。

3.0.5 太阳能与空气源热泵热水系统中的设备和部件，应符合现行国家、行业和本市相关产品标准的规定，并应有企业产品合格证和安装使用说明书。

3.0.6 太阳能与空气源热泵热水系统必须通过工程验收并进行系统调试，试运行合格后，方可移交用户使用。

3.0.7 太阳能与空气源热泵热水系统应按照本标准规定的测试方法进行系统性能测试，在设计中宜预留或安装测试所需的仪表接口。

4 建筑规划和设计

4.1 一般规定

4.1.1 太阳能与空气源热泵热水系统设计应综合考虑场地条件、建筑功能、周围环境等因素,满足安装及维护的技术要求。

4.1.2 太阳能集热器和空气源热泵室外机安装位置应结合建筑造型、立面设计合理布置,不应影响所在部位的建筑功能。

4.1.3 太阳能集热器与空气源热泵室外机宜采用建筑构件一体化设计并满足建筑结构安全要求。

4.1.4 既有建筑安装太阳能与空气源热泵热水系统应保证结构安全。

4.1.5 太阳能与空气源热泵热水系统的建筑一体化设计应符合现行上海市工程建设规范《太阳能热水系统应用技术规程》DG/TJ 08−2004A 的相关规定。

4.2 建筑设计

4.2.1 规划设计应符合现行国家标准《民用建筑太阳能热水系统应用技术标准》GB 50364 和现行上海市工程建设规范《太阳能热水系统应用技术规程》DG/TJ 08−2004A 的相关规定。

4.2.2 布置在建筑外墙及建筑构件上的太阳能集热器及系统部件应与周围环境相协调,不应对相邻建筑物产生眩光等视觉污染。

4.2.3 新建建筑空气源热泵室外机不应直接安装在建筑外墙上,宜设置专用的室外机平台或与设备平台相结合放置。

4.2.4 安装空气源热泵热水器,噪声限定值应满足现行国家标准《家用和类似用途热泵热水器》GB/T 23137 的规定,且应符合表 4.2.4 的规定。

表 4.2.4 空气源热泵热水器噪声限定值(声压级)

制热水能力 Q(L/h)	整体式[dB(A)]	分体式[dB(A)]	
		室内侧	室外侧
Q≤100	60	32	55
100＜Q≤200	60	32	55
200＜Q≤500	60	32	60
Q＞500	65	32	60

注:热泵热水器在全消声室测试的噪声值须注明"在全消声室测试"等字样,其限定值在上述限定值基础上增加 2dB(A)。

4.2.5 系统室外主机应在通风条件良好的屋顶、设备平台、室外平台等处布置;成组布置时进风侧的间距宜大于 2.0 倍进风口的高度;靠墙一侧的主机距墙面的净距宜大于 1.5 倍的进风口高度。

4.2.6 太阳能集热器和空气源热泵室外机与屋面、墙面、阳台等一体化设计时,应满足其所在部位的保温、隔热、防水、有组织排水和系统检修的要求。

4.2.7 设置集热器或者空气源热泵室外机的墙面应符合下列规定:

  1 设置在外墙上的集热器或者空气源热泵室外机应与结构受力构件连接,应采取措施避免安装部位对外墙产生不利影响。

  2 既有建筑热水系统改建工程,各类穿墙孔洞不应设置在结构件部位。

4.2.8 空气源热泵、循环泵设置的位置应避免噪声、振动影响居住场所。

4.2.9 空气源热泵设置的位置,应保证机组的通风要求。

4.2.10 在安装太阳能集热器和空气源热泵室外机件的建筑部位，应设置防止太阳能集热器和空气源热泵损坏后部件坠落、破碎伤人的安全防护措施；应设置设备平台，承载能力不应低于室外机组自重的4倍。

4.3 结构设计

4.3.1 安装太阳能与空气源热泵热水系统的建筑物，其主体结构或相关的结构受力构件，应考虑承受太阳能集热器、热泵室外机以及水箱（罐）等的荷载和作用。

4.3.2 结构设计应考虑太阳能与空气源热泵热水系统的连接措施，宜设计预埋构件。连接件与主体结构的锚固承载力设计值应大于连接件本身的承载力设计值。

4.3.3 太阳能与空气源热泵热水系统作用于结构或相关结构构件上的荷载和作用应包括下列各项内容：

　　1 抗震设计中的水平地震作用。

　　2 悬挂式安装及水平安装的太阳能集热器与空气源热泵室外机，应考虑安装和检修荷载、自身荷载和风荷载。安装和检修的荷载可按实际情况取值，但不应小于1.5kN。

4.4 电气设计

4.4.1 太阳能与空气源热泵热水系统的电气设计应满足系统用电最大输入负荷和运行安全的要求。

4.4.2 太阳能与空气源热泵热水系统中所使用的电气设备应有剩余电流保护、接地和断电等安全措施。其剩余动作电流不得超过30mA。

4.4.3 太阳能与空气源热泵热水系统电气控制线路及配电线路敷设应符合现行国家标准《电气装置安装工程电缆线路施工及验

收规范》GB 50168的规定。

4.4.4 太阳能与空气源热泵热水系统（包括钢结构支架）必须设置防雷保护措施；既有建筑上增设或改造系统时，可利用既有建筑的防雷接地装置，但应对原有接地装置进行电阻测试，未达到设计要求的，必须增补接地安全装置。

4.4.5 对设置在屋面的太阳能集热器和热泵装置应设置防直击雷、防雷击电磁脉冲、防闪电电涌侵入、防闪电感应装置。

4.4.6 电气设计应满足系统用电的负荷容量，安全可靠、维护方便。

5 系统设计

5.1 一般规定

5.1.1 系统应综合考虑热源系统与热水供应系统。热水供应系统应符合现行国家标准《建筑给水排水设计标准》GB 50015 中的有关规定。

5.1.2 系统部件应适宜上海地区的环境条件，应满足用户热水需求。系统安装地点的水电供应情况应能满足系统的正常运行。

5.1.3 太阳能与空气源热泵热水系统的运行方式应根据用户基本条件、使用需求、自然条件以及集热器、压缩机和水箱(罐)等主要部件安装位置等因素综合加以确定。

5.1.4 太阳能与空气源热泵热水系统相关产品应符合国家现行标准和设计的要求。空气源热泵主机、集热器、水箱(罐)等主要部件的正常使用寿命不应少于 10 年。

5.1.5 生活热水水质要求应符合现行行业标准《生活热水水质标准》CJ/T 521－2018 的规定。

5.1.6 医院、老年人照料设施等建筑水加热设备设计出水温度低于 55℃、其他建筑水加热设备设计出水温度低于 50℃时，应设灭菌消毒设施。

5.2 系统选择匹配

5.2.1 在不同的建筑中，应根据不同的供水要求和条件选用合理的太阳能与空气源热泵热水系统。不同建筑类型系统组合选型应按附录 A 确定。

5.2.2 集中-分散式热水系统，应符合下列规定：
  1 应有可靠的技术措施防止户内的热量倒流至管网。
  2 循环管道和水箱(罐)宜布置在同一设备平台上。
5.2.3 管路尽量平直铺设，减少弯头，水箱(罐)与用水点尽量接近。

5.3 集热器与热泵主机设计要求

5.3.1 太阳能与空气源热泵热水系统的集热器应符合现行上海市工程建设规范《太阳能热水系统应用技术规程》DG/TJ 08－2004A 的相关规定。

5.3.2 系统应满足上海市冬季最低环境温度正常运行的要求，保证在－10℃环境条件下热水能稳定供应；对热水供应要求极为严格的建筑，可采用低温型空气源热泵，保证在上海地区冬季可能出现的极端气候条件下高效工作。

5.3.3 太阳能与空气源热泵热水系统设计日热水量应按下式计算：

$$Q_r = n q_r / 1000 \tag{5.3.3}$$

式中：Q_r——设计日热水量(m³/d)；
  n——用水计算单位数(人数或床位数)；
  q_r——热水用水定额[L/(人·d)或 L/(床·d)]，按现行国家标准《民用建筑节水设计标准》GB 50555 中的平均日节水用水定额取值(温度不同时，按等热量换算水量)。

5.3.4 太阳能与空气源热泵热水系统的平均小时供热量应按下式计算：

$$Q_g = K \frac{Q_r C(t_h - t_l) \rho_w b_1}{1000 T_1} \tag{5.3.4}$$

式中： K——安全系数，取 1.1～1.2。

Q_g——系统平均小时供热量(MJ/h);
Q_r——设计日热水量(m³/d);
C——水的定压比热容,取 4.2kJ/(kg·℃);
t_h——热水温度,取 $t_h=55℃$;
t_l——冷水温度,取上海市自来水平均温度15℃;
ρ_w——水的密度,取 1000kg/m³;
b_1——同日使用率(住宅建筑为入住率)的平均值,应按实际使用工况确定,当无条件时应按表5.3.4取值;
T_1——系统设计工作时间(h),应根据用水需求、气候条件和系统经济性等因数综合考虑确定。

表5.3.4 不同类型建筑的 b_1 值

建筑类型	b_1
住宅	0.5～0.9
宾馆、旅馆	0.3～0.7
宿舍	0.7～1.0
医院、疗养院	0.8～1.0
幼儿园、托儿所、养老院	0.8～1.0

注:分散式系统 $b_1=1$。

5.3.5 太阳能与空气源热泵热水系统的平均小时耗热量应按下式计算:

$$Q_h = Q_g/(1-\eta_l) \qquad (5.3.5)$$

式中:Q_h——系统平均小时耗热量,为系统运行时所需提供的总小时加热量(包括供热量与系统耗散的热量)(MJ/h)。

Q_g——系统平均小时供热量(MJ/h)。

η_l——系统集热损失系数。系统集热损失系数应根据集热器类型、系统管路长短、集热水箱(罐)大小及当地气候条件、集热系统保温性能等因素综合确定。当集热器紧靠集热水箱(罐)时,η_l 取15%～20%;当集热器与集热水箱(罐)分别布置在两处时,η_1 取 20%～30%。

5.3.6 直膨式太阳能热泵热水系统的输入电功率应根据热泵的性能系数和系统平均小时供热量确定。

$$P=10^3 \frac{Q_g}{3600 \times COP_d} \quad (5.3.6)$$

式中： P——热泵的输入功率(kW)。

Q_g——系统平均小时供热量(MJ/h)。

COP_d——直膨式太阳能热泵热水系统性能系数,为制热量与热泵装置消耗功率之比,无量纲。上海地区的 COP_d 值:考虑全年使用宜取 5.0,冬季使用宜取3.5。

5.3.7 并联式太阳能与空气源热泵热水系统的输入电功率应根据热泵的性能系数、系统平均小时供热量以及太阳能保证率确定。

$$P=10^3 \frac{Q_g}{3600 \times COP_a} \times (1-f) \quad (5.3.7)$$

式中： P——热泵的输入功率(kW)。

Q_g——系统平均小时供热量(MJ/h)。

COP_a——并联式太阳能与空气源热泵热水系统性能系数,为制热量与热泵装置消耗电功率之比,无量纲。上海地区的 COP_a 值:考虑全年使用宜取 4.0,冬季使用宜取 2.8。

f——太阳能保证率,无量纲。上海地区宜取 45%。

5.3.8 太阳能集热器面积可根据现行上海市工程建设规范《太阳能热水系统应用技术规程》DG/TJ 08-2004A 的相关规定进行确定。

5.3.9 成组布置的热泵热水机组应采用并联方式换热,机组宜采用同程管路的形式保证各台机组工作的均衡性。

5.3.10 太阳能集热器集热效率不应低于 50%。

5.4 水箱(罐)设计

5.4.1 集热水箱(罐)有效容积可根据现行上海市工程建设规范《太阳能热水系统应用技术规程》DG/TJ 08－2004A 的相关规定进行确定。

5.4.2 供热水箱(罐)有效容积应按下列规定计算：

1 供热水箱(罐)有效容积应根据日耗热量、系统持续工作时间及系统工作时间内耗热量等因素确定；当其因素不确定时，可按下式计算：

$$V_s = 10^6 K \frac{(Q_h - Q_g)T}{\rho_w (t_h - t_l) C \eta} \tag{5.4.2-1}$$

式中： K——安全系数，取 1.10～1.20；
V_s——供热水箱(罐)有效容积(L)；
Q_h——系统平均小时耗热量(MJ/h)；
Q_g——系统平均小时供热量(MJ/h)；
T——设计小时耗热量持续时间(h)；
ρ_w——水的密度，取 1000kg/m³；
t_h——热水温度，取 t_h＝55℃；
t_l——冷水温度，取上海市自来水平均温度 15℃；
C——水的定压比热容，取 4.2kJ/(kg·℃)；
η——有效储热容积系数，水箱和卧式水罐 η＝0.80～0.85，立式水罐 η＝0.85～0.90。

2 当无法确定系统平均小时耗热量持续时间时，供热水箱(罐)有效容积也可按下式计算：

$$V_s = K n q_r \left(1 - \frac{T_1}{24}\right) \tag{5.4.2-2}$$

式中：V_s——供热水箱(罐)有效容积(L)；
K——安全系数，取 1.10～1.20；

n——用水计算单位数;

q_r——热水用水定额[L/(人·d)或 L/(床·d)];

T_1——系统设计工作时间(h/d)。

5.4.3 开式水箱(罐)的箱体内胆材料应采用 18Cr-8Ni 及以上牌号的不锈钢,外层采用 17Cr-4.5Ni-6Mn-N 或 18Cr-8Ni 不锈钢,水箱(罐)内胆与外胆中的夹层聚氨酯保温厚度不应小于 50mm;闭式水箱(罐)内胆材料应采用碳钢内衬不锈钢,罐体应采用 18Cr-8Ni 及以上牌号的不锈钢。

5.4.4 开式水箱(罐)应设置进出水管、补水管、溢流管、泄水管、通气管、水位控制以及水温指示装置。

5.4.5 闭式水箱(罐)应满足设计的承压要求,并应设置进出水管、自动补水装置、安全阀以及水温指示装置。

5.4.6 设在水箱(罐)中的浮球阀应采用金属或耐温高于 100℃ 的其他材质浮球,浮球阀的通径应满足进水流量的需求。

5.5 管道及循环泵设计

5.5.1 太阳能与空气源热泵热水系统的管道不宜穿越建筑伸缩缝、沉降缝、抗震缝等变形缝;如必须穿越时,应设置补偿管道伸缩和剪切变形的装置。

5.5.2 太阳能与空气源热泵热水系统的管道不应穿越卧室;穿越起居室应采取防渗漏措施。

5.5.3 太阳能与空气源热泵热水系统的集热循环和供热系统的管道,以及集热循环泵的设计应符合现行上海市工程建设规范《太阳能热水系统应用技术规程》DG/TJ 08－2004A 的相关规定。

5.5.4 集中式太阳能与空气源热泵热水系统的循环泵应设置备用泵。

5.5.5 热泵热水系统循环泵流量应根据热泵的制热量和相应的

循环温差计算确定。

5.5.6 循环泵宜靠近水箱（罐）设置，应采用低噪声机组并有防噪声措施。

5.5.7 热水管道设计应符合现行国家标准《建筑给水排水设计标准》GB 50015 的规定。

5.5.8 集热管道管材选择应保证耐热性、耐压性及耐腐蚀性的要求。

5.5.9 循环泵进水管路应尽量减少弯头的使用，循环泵进水口与弯头的距离不应小于进水口直径的 5 倍。

5.6 监控系统设计

5.6.1 并联式太阳能与空气源热泵热水系统的集热系统和热水供回水系统应采用全自动控制操作方式。系统运行时应根据天气条件、热水需求等采取合适的控制策略进行调节，在太阳能与热泵之间进行加热方式的运行切换。

5.6.2 太阳能与空气源热泵热水系统的控制系统宜具备如下智能化管理功能：

　　1 显示太阳能集热和热泵加热系统中热泵和循环泵的工作状况，控制热泵和集热循环泵的启闭，并反馈信息。

　　2 显示水箱（罐）的热水温度，并反馈信息。

　　3 在非承压式系统中显示水箱（罐）的水位。

　　4 在集中热水供应系统中记录瞬间热水用水量、温度、压力及其变化曲线（用水量、温度及供水压力变化曲线图）。

　　5 水箱（罐）防冻、管路防冻等启闭，并反馈信息。

　　6 管路循环启闭，并反馈信息。

　　7 在功能要求比较高的热水系统可采用电脑 PLC 可编程控制器控制，配置远程 BA 楼宇自控系统接口。

5.6.3 集中式太阳能与空气源热泵热水系统宜采用远程管理系

统。系统出现可能引起严重后果的故障时,应智能诊断并控制系统运行,同时反馈信息。

5.6.4 系统防冻与防过热措施应符合现行上海市工程建设规范《太阳能热水系统应用技术规程》DG/TJ 08－2004A 的相关规定。

5.6.5 太阳能与空气源热泵热水系统的设备应处于防雷接闪器的保护范围内,并按现行国家标准《建筑物防雷设计规范》GB 50057 的要求采取各种防雷措施。

5.6.6 太阳能与空气源热泵热水系统运行时,太阳能子系统的实际贡献率监测应符合现行上海市工程建设规范《公共建筑用能监测系统工程技术标准》DGJ 08－2068 的规定。

5.7 热水系统保温

5.7.1 太阳能与空气源热泵热水系统的设备与管道应采取保温措施。

5.7.2 系统保温应满足以下要求:

1 选用保温材料的耐火性、吸水率、吸湿率、热膨胀系数、收缩率、抗折强度、耐腐蚀性等性能应满足现行国家相关标准要求。

2 选用保温材料制品的允许使用温度应高于正常操作时的介质最高温度。

3 相同温度范围内有不同保温材料可供选择时,应选用导热系数小、密度小、造价低、易于施工的材料制品。

4 选用复合保温材料应满足在高温条件下的使用要求。

5 选用保温材料的散热损失不应超过现行国家标准《设备及管道绝热技术通则》GB/T 4272 中所规定的最大热损值。

6 选用保温材料的保温层厚度应经计算确定,并应符合现行国家标准《设备及管道绝热设计导则》GB/T 8175 和现行上海市工程建设规范《公共建筑节能设计标准》DGJ 08－107、《居住建筑节能设计标准》DGJ 08-205 的相关规定中对设备、管道最小保温厚度的要求。

  7 室外管道敷设的保温材料外层宜包裹铝皮。

5.7.3 水箱(罐)保温应在检漏试验合格后进行。水箱(罐)保温应符合现行国家标准《工业设备及管道绝热工程施工质量验收标准》GB/T 50185 的要求。

6 安装与施工

6.1 一般规定

6.1.1 太阳能与空气源热泵热水系统的安装应符合设计要求。施工前,应根据文件和本标准要求以及技术标准编制针对太阳能与空气源热泵热水系统的专项施工方案,并对施工人员进行专业技术培训。

6.1.2 太阳能与空气源热泵热水系统的施工应按照经审查合格的施工图、设计文件和经审批的专项施工方案进行。新建建筑中太阳能与空气源热泵热水系统的安装宜纳入建筑设备安装施工组织设计,并应包括与主体结构施工、设备安装、建筑装饰装修相协调的配合方案及安全措施。改建以及既有建筑中增设太阳能与空气源热泵热水系统的安装应单独编制施工方案。

6.1.3 太阳能与空气源热泵热水系统的产品、配件、材料及其性能、外观、色彩等应符合设计要求,且应有产品合格证以及产品型式检验报告。必须按规格、数量、质量要求经过验收复核后方能入库,并有专人保管,严禁露天堆放。

6.1.4 太阳能与空气源热泵热水系统安装前应符合下列要求:
1 施工图设计文件齐备,并已审查通过。
2 施工组织设计或施工方案已经批准。
3 施工场地符合施工组织设计要求。
4 现场水、电、场地、道路等条件能满足正常施工需要。
5 预留基座、孔洞、预埋件、设施应符合设计图纸要求,并已验收合格。

6.1.5 太阳能与空气源热泵热水系统安装不应破坏建筑物的承

重部件,确保结构安全。

6.1.6 太阳能与空气源热泵热水系统施工时,应对建筑屋面防水层及附属设施实施保护。

6.1.7 安装太阳能与空气源热泵热水系统时,应对重点部位采取保护措施。

6.1.8 太阳能与空气源热泵热水系统部件及产品在存放、搬运、吊装等过程中不得碰撞和损坏,对其半成品也应保护。

6.1.9 太阳能与空气源热泵热水系统最低处应安装泄水装置,安装地点应设置排水地漏。

6.2 基座与支架

6.2.1 太阳能集热器与热泵室外机等主要部件的基座应与建筑主体结构连接牢固并应满足设计强度要求。

6.2.2 预埋件与基座之间的空隙,应用细石混凝土填捣密实。

6.2.3 对新建建筑,钢基础或者混凝土基础中的预埋件应与建筑的结构层相连,在集热器安装前做好防腐处理,并在地脚螺栓周围做好密封处理;对既有建筑,在屋面防水层上放置集热器时,屋面防水层应包到基座上部,并在基座下部加设防水层。应符合现行国家标准《屋面工程质量验收规范》GB 50207 的规定。

6.2.4 预制基座应摆放平稳,做好防水处理。

6.2.5 钢基座及混凝土基座顶面的预埋件,在太阳能与空气源热泵热水系统安装前应涂防腐涂料进行防腐处理。

6.2.6 太阳能与空气源热泵热水系统的支架应符合设计要求。支架应按设计要求安装在主体结构上,安装位置应准确,并应与主体结构固定牢靠。

6.2.7 支撑太阳能与空气源热泵热水系统的钢结构支架应与建筑物接地系统可靠连接。

6.2.8 根据现场条件,支架的制作与安装应满足设计和相应规范的抗风和刚度的要求。

6.2.9 钢结构支架的焊接应符合现行国家标准《钢结构工程施工质量验收规范》GB 50205 的要求。钢结构支架焊接完毕后应进行防腐处理。防腐施工应符合现行国家标准《建筑防腐蚀工程施工及验收规范》GB 50212 和《建筑防腐蚀工程质量检验评定标准》GB 50224 的要求。

6.2.10 安装水平基础不得低于 100mm，基础平面不得出现积水现象。

6.3 集热器、热泵主机与水箱(罐)

6.3.1 集热器安装倾角和定位应符合设计要求。排间距应符合设计要求。集热器应与主体结构或集热器支架固定。

6.3.2 热泵主机摆放位置应满足设计要求，且应放置在通风良好的场所，不应安装在有油烟污染、灰尘大的地方。机组应与设备基础固定。

6.3.3 热泵主机底部应安装减振装置，防止振动。主机进、出口采用柔性连接，以防止振动传播至主体建筑物。

6.3.4 热泵主机进水口应安装 Y 型过滤器。

6.3.5 系统水管和热泵循环管路应做好保温措施，防止热量损失和冷凝水的形成。

6.3.6 现场制作的水箱(罐)保温质量应符合现行国家标准《工业设备及管道绝热工程施工质量验收标准》GB/T 50185 的规定。水箱(罐)保温层外防护材料搭接处应涂防水耐候玻璃胶，搭接尺寸不得小于 20mm。水平设备及管道上的纵向搭接应在水平中心线下方 15°至 45°的范围内顺水搭接，防止雨水进入保温层。

6.3.7 不锈钢水箱(罐)的焊接质量应符合现行国家标准《现场设备、工业管道焊接工程及验收规范》GB 50236 的要求。不锈钢水箱(罐)易在焊接部位腐蚀渗漏，水箱(罐)经灌水试验合格后，其内外壁应按设计要求进行防腐,内壁防腐材料应满足卫生要求,并能承受所贮存热水的最高温度。

6.3.8 不锈钢水箱(罐)与碳钢基座之间应垫入不含氯离子的塑料或橡胶垫片。

6.3.9 水箱(罐)的保温施工应在检漏试验合格、外壁经防腐处理后进行。太阳能与空气源热泵热水系统连接完毕应进行检漏试验。

6.3.10 系统之间的连接件应便于拆卸和更换。连接处应密封可靠,无泄漏、无扭曲变形。

6.3.11 系统之间连接管的保温应在检漏合格后进行。保温材料及其厚度应符合现行国家标准《工业设备及管道绝热工程施工质量验收标准》GB/T 50185的相关要求。

6.4 管道、附件及循环泵

6.4.1 太阳能与空气源热泵热水系统的管道安装应符合现行国家标准《建筑给水排水及采暖工程施工质量验收规范》GB 50242的相关要求。

6.4.2 太阳能与空气源热泵热水系统的管道需穿过屋面时,应在屋面预埋防水钢套管,并对其与屋面相接处进行防水密封处理。对既有建筑中增设太阳能与空气源热泵热水系统,防水套管应在屋面防水层施工前埋设完毕。

6.4.3 循环泵应按照产品规定的要求安装,并符合现行国家标准《压缩机、风机、泵安装工程施工及验收规范》GB 50275的要求。循环泵周围应有检修空间,并设置接地保护。

6.4.4 电磁阀应水平安装,阀前应设细网过滤器,阀后应设调压作用的截止阀,为了便于管道冲洗及电磁阀的检修、维护,应安装旁路装置。

6.4.5 各类阀门的材质应符合现行国家标准《建筑给水排水设

计标准》GB 50015 的相关规定。

6.4.6 管道支架、托架及吊架的设置应符合现行国家标准《建筑机电工程抗震设计规范》GB 50981 的相关要求。

6.5 电气与自动控制系统

6.5.1 电缆及信号线路施工应符合现行国家标准《电气装置安装工程电缆线路施工及验收规范》GB 50168 的相关规定；电气设施的安装应符合现行国家标准《建筑电气工程施工质量验收规范》GB 50303 的相关规定。

6.5.2 所有电气设备的金属外壳及与其连接的金属部件、接闪器等进行连接时，应进行接地处理；电气接地装置的施工应符合现行国家标准《电气装置安装工程接地装置施工及验收规范》GB 50169 的相关规定。

6.5.3 对设置在屋面的太阳能集热器和热泵装置应按照现行国家标准《建筑物防雷设计规范》GB 50057 的规定进行防雷测试。

6.6 水压试验与冲洗

6.6.1 太阳能与空气源热泵热水系统安装完毕，在设备和管道保温施工前，应进行水压或灌水试验。

6.6.2 各种承压管道系统和设备应进行水压试验，试验压力应符合设计要求。当设计未注明时，水压试验和灌水试验应按现行国家标准《建筑给水排水及采暖工程施工质量验收规范》GB 50242 的相关要求进行。

6.6.3 当环境温度低于 0℃ 进行水压试验时，应有可靠的防冻措施。系统水压试验合格后，应对系统进行冲洗，直至排出的水不浑浊、无杂质为止，并应将过滤器内的杂质清除，且进行消毒处理。

6.7 系统调试

6.7.1 系统安装完毕投入使用前,必须进行系统调试。设备单机或部件调试合格后,进行联动调试。

6.7.2 设备单机或部件调试应包括下列内容:

    1 应检查循环泵叶轮旋转方向,循环泵在设计负荷下连续运转 2h,正常运行。循环泵流量和扬程应达到产品的额定要求,电机电流和功率不应超过额定值。

    2 应检查电磁阀安装方向。手动通断电试验时,电磁阀应开启正常,动作灵活,封闭严密。

    3 测试仪表应显示正常,电气控制系统应达到设计要求,动作应准确可靠。

    4 剩余电流保护装置动作应准确可靠。

    5 防冻系统、超压保护和过热保护等装置应工作正常。

    6 各种阀门应启闭灵活,密封性好。

6.7.3 系统联动调试应包括下列主要内容:

    1 调整循环泵控制阀门,达到设计要求。

    2 应调整电磁阀控制阀门,使电磁阀的阀前阀后压力处在设计要求的范围内。

    3 测试和控制系统的仪表控制区间或控制点应符合设计要求。

    4 应调整各分支回路的调节阀门,各回路流量应平衡。

    5 调试热泵主机,应与太阳能加热系统相匹配。

6.7.4 系统联动调试完成后,应连续运行 72h。设备及主要部件的联动应协调,动作正确,无异常现象。

7 工程验收

7.1 一般规定

7.1.1 系统验收应按基座与支架、集热器、热泵主机、水箱(罐)、管道及电气控制系统,进行分项工程验收和系统竣工验收。

7.1.2 直膨式太阳能热泵热水系统每个单体工程为一个检验批。

7.1.3 对于非直膨式太阳能热泵热水系统,分散系统按每个单位工程的一个单元为一个检验批;集中系统每个单体工程为一个检验批;集中-分散系统集中集热部分每个单体工程为一个检验批,分散供热部分按每个单位工程的一个单位为一个检验批。

7.1.4 验收应做好记录,签署文件,并及时归档。

7.2 基座与支架

Ⅰ 主控项目

7.2.1 系统基座应与建筑主体结构连接牢固,且不得破坏屋面防水层、保温层。当采用后加锚栓连接时,应符合设计要求。

检验方法:现场核查设计图纸、目测或用手扳动连接锚栓、抽查材料质量证明文件及检测报告。

7.2.2 在屋面结构层上现场施工的基座,完工后其底面应做防水加强处理,防水施工应符合设计要求。

检验方法:现场核查设计图纸、观察检查。

7.2.3 系统支架及其材料应符合设计要求。钢结构支架的焊接应符合设计和相关标准要求。

检验方法:现场核查设计图纸、观察检查。

7.2.4 支架应按设计要求安装在主体结构上,安装位置正确,与主体结构固定牢靠。

检验方法:现场核查设计图纸、观察检查。

7.2.5 支承系统的钢结构支架应与建筑物接地系统连接可靠。

检验方法:现场核查设计图纸、接地电阻测试记录、观察检查。

Ⅱ 一般项目

7.2.6 钢基座及混凝土基座顶面的预埋件,在系统安装前应涂防腐涂料。钢结构支架焊接完毕后应做防腐处理。

检验方法:现场核查设计图纸、观察检查。

7.3 集热器、热泵主机与水箱(罐)

Ⅰ 主控项目

7.3.1 集热器、热泵主机、水箱(罐)必须具有质量合格证明文件及出具有效期内第三方法定检验机构的型式检验合格报告,并应符合设计要求。

检验方法:对照实物核查质量保证书、产品检验合格报告。

7.3.2 太阳能与空气源热泵热水系统连接完毕后应进行检漏试验,检漏试验应符合设计要求。

检验方法:现场对照设计图纸,现场试压检查。

7.3.3 集热器、热泵主机应与建筑主体结构或支架连接牢固,预埋式基座应符合设计规定,其预埋件应与结构层钢筋相连。

检验方法:现场对照设计图纸、目测或用手扳动连接支架。

7.3.4 水箱(罐)应按设计要求定位,并在基础上与底座固定牢靠。

检验方法:现场对照设计图纸、目测或用手扳动连接部位。

7.3.5 水箱(罐)应进行检漏试验,检漏试验应符合设计要求。

检验方法：现场对照设计要求、现场试压检查。

7.3.6 供热水箱（罐）及集热水箱（罐）的各连接管管径、位置应符合设计规定。

检查方法：现场对照设计图纸、观察检查。

7.3.7 钢板焊接的水箱（罐），内外壁均应按设计要求做防腐处理。内壁防腐材料应卫生、无毒，且应能承受所贮存热水的最高温度。

检验方法：现场对照设计图纸和型式检验合格报告、观察检查。

7.3.8 太阳能与空气源热泵热水系统最低处应安装泄水装置。

检验方法：现场对照设计图纸、观察检查。

Ⅱ 一般项目

7.3.9 热泵机组和集热器安装应符合设计要求，且不得布置在建筑变形缝处。

检验方法：现场对照设计图纸、用分度仪及尺量检查、观察检查。

7.3.10 连接循环供热水箱（罐）的管道，设计坡度应符合设计要求。

检验方法：现场对照设计图纸、尺量检查。

7.3.11 以水作换热介质时，在使用时应采取防冻措施，太阳能集热系统应有防空晒和防过热的措施。

检验方法：现场对照设计图纸、观察检查。

7.3.12 太阳能与空气源热泵热水系统间连接应符合设计规定，且密封可靠，无泄漏，无变形。

检验方法：现场对照设计图纸、观察检查。

7.3.13 集热水箱（罐）、供热水箱（罐）及管道应按设计要求保温。

检验方法：现场对照设计图纸、根据水箱（罐）放置 24h 水温变化值检测保温效果。

7.3.14 压力表、温度计、温度传感器应安装在便于观察、操作的地方;排气阀应在系统最高处,放空阀应在系统最低处。

检验方法:现场对照设计图纸、观察检查。

7.4 管道、电气控制系统

Ⅰ 主控项目

7.4.1 管道及附属材料必须具有质量合格证明文件及出具有效期内第三方法定检验机构的型式检验合格报告,并应符合设计要求。

检验方法:现场按图纸对照实物核查质量保证书、产品检验合格报告。

7.4.2 阀门的强度和严密性实验应符合设计要求。

检验方法:按设计图纸要求现场核查阀门的强度及严密性试验报告。

7.4.3 循环泵、阀门的安装方向应正确,不得反装,并应便于更换。

检验方法:现场对照设计图纸、观察检查。

7.4.4 承压管道设备应做水压试验。

检验方法:按设计图纸要求现场核查水压试验或灌水试验记录。

7.4.5 管道穿过变形缝敷设时,应采取保护措施,并符合设计要求。

检验方法:现场对照设计图纸、观察检查。

7.4.6 所有电气控制系统的验收应符合现行国家标准《建筑电气安装工程施工质量验收规范》GB 50303 的相关规定。

检验方法:现场对照设计图纸、观察检查。

7.4.7 电气接地装置的验收应符合现行国家标准《电气装置安

装工程接地装置施工及验收规范》GB 50169 的相关规定。

检验方法：现场对照设计图纸、观察检查。

7.4.8 电缆线路施工验收应符合现行国家标准《电气装置安装工程电缆线路施工及验收规范》GB 50168 的相关规定。

检验方法：现场对照设计图纸、观察检查。

7.4.9 传感器的接线、接线盒与套管之间的传感器屏蔽线，应做二次防护处理，连接处两端应做防水处理，并均应符合相关标准要求。

检验方法：现场对照设计图纸和相关标准、观察检查。

7.4.10 温度传感器安装应符合设计和相关标准要求。

检验方法：现场对照设计图纸和相关标准、观察检查。

Ⅱ 一般项目

7.4.11 循环泵及管道应设置减振设施。

检查方法：现场对照设计图纸。

7.4.12 电磁阀应水平安装，阀前应加装细网过滤器，阀后应加装调压作用明显的截止阀。

检验方法：现场对照设计图纸、用仪器和尺量检查。

7.4.13 循环泵吸水管应安装阀门，压水管应安装单向阀、阀门及压力表。

检查方法：现场对照设计图纸。

7.4.14 管道保温材料的材质及厚度应符合设计及相关标准的要求。

检验方法：现场对照设计图纸、做针刺法检查。

7.4.15 管道支、吊、排架的安装，应符合设计及相关标准的要求。

检验方法：现场对照设计图纸、用仪器和尺量检查。

7.4.16 室内管道安装应符合设计及相关标准的要求。

检验方法：现场对照设计图纸、用仪器和尺量检查。

7.4.17 压力表安装应符合设计规定。取压点应选择在流动平稳的区域。仪表应垂直安装在易于观察且无显著振动的地方。

检查方法:现场对照设计图纸及产品说明、观察检查。

7.5 分项工程

7.5.1 系统分项工程检验批质量验收合格,应符合下列规定:

　　1 检验批按主控项目和一般项目验收。

　　2 主控项目应全部合格。

　　3 一般项目应合格;当采用计数检验时至少应有90%以上的检查点合格,且其余检查点不得有严重缺陷。

　　4 按本标准附录B填写完整《太阳能与空气源热泵热水系统分项工程检验批质量验收记录》。

7.5.2 系统分项工程质量验收合格,应符合下列规定:

　　1 分项工程所含检验批均合格。

　　2 分项工程所含检验批质量验收记录完整。

　　3 按本标准附录C填写完整《太阳能与空气源热泵热水系统分项工程质量验收记录》。

7.5.3 太阳能与空气源热泵热水系统工程质量验收合格,应符合下列规定:

　　1 所含分项工程均合格。

　　2 质量控制资料齐全:

　　　　1)质量保证书齐全;

　　　　2)主要部件有效期内型式检验报告齐全。

　　3 系统检测合格。

　　4 按本标准附录D填写完整《太阳能与空气源热泵热水系统工程质量验收记录》。

7.5.4 系统未经验收或验收不合格的,不得投入使用。

8 性能检测

8.1 一般规定

8.1.1 太阳能与空气源热泵热水系统的性能测试宜选择长期测试;不具备长期测试条件时,可选择在调试之后、验收之前进行短期测试。

8.1.2 太阳能与空气源热泵热水系统工程检测和评定抽样,应符合下列规定:

　　1 应以同一小区或同一工程项目、同一施工单位、同一时间竣工的太阳能与空气源热泵热水系统工程为一个检测、评定批次。

　　2 集中供热水系统:以独立供热水系统为一个检测批次,抽样数即为批次数。

　　3 集中-分散供热水系统:以独立供热水系统为一个检测批次,抽样检测户(台)数宜按表8.1.2确定。

表8.1.2 建筑抽样检测户数确定表

序号	每幢总户(台)数	每幢抽样检测户(台)数(户/幢)或(台/幢)
1	2～25	2
2	26～50	3
3	＞50	4

8.1.3 短期测试取太阳能辐照量较大的晴天以及阴天各1次,两次实测必须在同一季节,且时间间隔不宜超过1周。试验结果具有的太阳辐照量 H 应至少分布在下列区间中的两个区间内:

　　1 $H < 8MJ/m^2 \cdot d$。

2 $8MJ/m^2 \cdot d \leqslant H < 12 MJ/m^2 \cdot d$。
3 $12MJ/m^2 \cdot d \leqslant H < 16MJ/m^2 \cdot d$。
4 $16MJ/m^2 \cdot d \leqslant H$。

8.1.4 应对测试数据进行处理,对比其他形式的热水系统,验证太阳能与空气源热泵热水系统的综合性能。

8.2 测试条件

8.2.1 长期测试周期不应少于120d,且应连续完成,应在每年春分(或秋分)前至少60d开始,结束时间应在每年春分(或秋分)后至少60d结束;测试期内的平均负荷率不应小于30%。

8.2.2 短期测试周期不应少于4d,测试期间的运行工况应接近系统的设计工况,短期测试的系统平均负荷率不应小于50%。

8.2.3 短期测试期间,室外平均温度允许范围应为年平均环境温度±10℃。

8.3 测试设备

8.3.1 总太阳辐照度采用总辐射表测量,总辐射表应满足现行国家标准《总辐射表》GB/T 19565的要求。

8.3.2 测量空气温度时应确保温度传感器置于遮阳而通风的环境中,高于地面约1m,距离测试系统的距离在1.5m~10.0m之间。此外,环境温度传感器的附近不应有烟囱、冷却塔或热气排风扇等热源。

8.3.3 测量水温时应保证所测水流完全包围温度传感器,条件允许的情况下,可以在同一位置布置多个测量点,取平均值。温度测量仪器以及相关的读取仪表的精度和准确度应不大于表8.3.3的限制,响应时间应小于5s。

表 8.3.3　温度测量仪器的准确度和精度

参数	仪器准确度	仪器精度
环境空气温度	±0.5℃	±0.2℃
水温度	±0.2℃	±0.1℃

8.3.4 液体流量的测量准确度应为±1.0%,质量测量的准确度应为±1.0%,计时测量的准确度应为±0.2%,长度测量的准确度应为±1.0%,功率测量的准确度应为±2.0%。

8.3.5 热量表的准确度应达到现行行业标准《热量表》CJ 128 规定的 2 级。

8.4　测试方法

8.4.1 直膨式太阳能热泵热水系统测试方法应符合下列规定：

 1 在环境温度为 18℃~26℃ 和太阳辐照大于 700W/m² 的条件下,将水箱(罐)内注满 15℃ 左右的水,将水加热至(55±2)℃,水箱(罐)温度取水箱(罐)上下部水温的平均值。

 2 记录太阳辐射量、水箱(罐)温度、实测储水箱(罐)容量、加热时间、耗电量等参数。

 3 项目竣工时,环境温度无法满足测试要求时,可直接以测试日的环境温度进行测试,并注明相应的环境参数。

8.4.2 并联式太阳能与空气源热泵热水系统测试方法应符合下列规定：

 1 测试开始时,强制循环系统将循环泵置于正常运行控制状态,同时关闭水箱(罐)的混水装置,记录水箱(罐)上下部水温。水箱(罐)上下部水温的平均值就是试验开始时水箱(罐)内的水温。

 2 测试开始后,优先启用太阳能集热循环;当太阳能不能满足供热水箱(罐)温升 10℃/h 要求时,启动空气源热泵加热至供热水箱(罐)下部水温达 50℃ 后,停止空气源热泵加热,测试结束。

3 如有条件,可以进行水箱(罐)混水操作。水箱(罐)上下部水温的平均值就是测试结束时水箱(罐)内的水温。同时应记录总日射表太阳辐射量和输入系统的热泵及系统电表读数。

8.4.3 系统加热量的测试方法应符合以下要求:

1 长期测试的时间应满足本标准第8.2.1条的要求。

2 短期测试时,每日测试的时间从上午8时开始至水被加热至所需温度为止。

3 测试参数包括低温水温度、高温水温度、被加热水的流量、水箱(罐)冷水温度、水箱(罐)热水温度等,采样时间间隔不得大于10s。

4 若系统通过外置换热器加热供热水,系统加热量可以通过下式进行计算:

$$Q_s = 10^{-3} \sum_{i=1}^{l} m_{wi} \rho_w C (t_{hi} - t_{li}) \Delta T_i \qquad (8.4.3\text{-}1)$$

式中:Q_s——系统加热量(MJ);

l——总记录数;

m_{wi}——第 i 次记录的水的流量(m^3/s);

ρ_w——水的密度,取 1000kg/m^3;

C——水的定压比热容,取 4.2kJ/(kg·℃);

t_{hi}——第 i 次记录的供水侧高温水温度(℃);

t_{li}——第 i 次记录的供水侧低温水温度(℃);

ΔT_i——第 i 次记录的时间间隔(s)。

5 若换热器置于水箱(罐)中直接给水箱(罐)加热,则系统加热量可以通过下式进行计算:

$$Q_s = 10^{-3} V \rho_w C (t_h - t_l) \qquad (8.4.3\text{-}2)$$

式中:Q_s——系统加热量(MJ);

V——水箱(罐)容积(m^3);

ρ_w——水的密度,取 1000kg/m^3;

C——水的定压比热容,取 4.2kJ/(kg·℃);

t_h——热水温度(℃);

t_l——冷水温度(℃)。

8.4.4 系统总电耗的测试方法应按以下规定进行:

1 长期测试的时间应满足本标准第8.2.1条的要求。

2 短期测试时,每日测试的时间从上午8时开始至水被加热至所需温度为止。

3 测试参数主要包括用电设备(如压缩机、循环泵)的功率,采样时间间隔不得大于10s。

4 系统总电耗可通过电表读数测量,电表要求至少满足家用电表精度要求。部件电耗可以通过功率参数计算:

$$W_\mathrm{s}=10^{-6}\sum_{i=1}^{l}P_\mathrm{s}\Delta T_i \tag{8.4.4}$$

式中:W_s——系统总电耗(MJ);

l——总记录数;

P_s——系统用电设备功率(W);

ΔT_i——第i次记录的时间间隔(s)。

8.4.5 热泵性能系数的测试方法应按照以下规定进行:

1 长期测试的时间应满足本标准第8.2.1条的要求。

2 短期测试时,每日测试的时间从上午8时开始至水被加热至所需温度为止。

3 测试参数包括热泵加热量、热泵电耗等。

4 热泵性能系数根据下式计算得出:

$$COP=\frac{Q_\mathrm{hp}}{3.6W_\mathrm{hp}} \tag{8.4.5}$$

式中:COP——热泵性能系数;

Q_hp——热泵加热量(MJ);

W_hp——热泵电耗(kW·h)。

8.4.6 太阳能子系统集热效率的测试方法应按照以下规定进行:

1 长期测试的时间应满足本标准第8.2.1条的要求。

2 短期测试时,每日测试的时间从上午 8 时开始至水被加热至所需温度为止。

3 测试参数包括系统加热量、热泵电耗、总太阳辐照量和太阳能子系统的集热器总面积等。

4 太阳能子系统集热效率根据下式计算得出:

$$\eta_c = \frac{Q_s - 3.6W_{hp} \cdot COP}{A \cdot H} \quad (8.4.6)$$

式中: η_c——太阳能子系统集热效率;
  Q_s——系统加热量(MJ);
  W_{hp}——热泵电耗(kW·h);
  COP——热泵性能系数;
  A——太阳能子系统集热器总面积(m^2);
  H——总太阳辐照量(MJ/m^2)。

8.4.7 系统性能系数的测试方法应按照以下规定进行:

1 长期测试的时间应满足本标准第 8.2.1 条的要求。

2 短期测试时,每日测试的时间从上午 8 时开始至水被加热至所需温度为止。

3 测试参数包括系统加热量、系统总电耗等。

4 系统性能系数根据下式计算得出:

$$COP_s = \frac{Q_s}{3.6W_s} \quad (8.4.7)$$

式中: COP_s——系统性能系数;
  Q_s——系统加热量(MJ);
  W_s——系统总电耗(kW·h)。

8.4.8 太阳能保证率按下式计算:

$$f = \frac{Q_c}{Q_s} \quad (8.4.8)$$

式中: f——太阳能保证率[上海地区应不低于现行上海市工程建设规范《太阳能热水系统应用技术规程》DG/TJ 08－2004A 推荐值(45%)];

Q_c——太阳能子系统集热量(MJ);

Q_s——系统加热量(MJ)。

8.4.9 太阳能子系统集热量可以用热量表直接测量,也可以通过分别测算温度、流量或水箱(罐)容积等参数计算。

1 若系统通过外置换热器加热,则太阳能子系统集热量可以通过下式进行计算:

$$Q_c = 10^{-3} \sum_{i=1}^{l} m_{ci} \rho_w C(t_{hci} - t_{lci}) \Delta T_i \qquad (8.4.9\text{-}1)$$

式中:Q_c——太阳能子系统集热量(MJ);

l——总记录数;

m_{ci}——第i次记录的太阳能子系统水的流量(m^3/s);

ρ_w——水的密度,取$1000 kg/m^3$;

C——水的定压比热容,取$4.2 kJ/(kg \cdot ℃)$;

t_{hci}——第i次记录的太阳能子系统出口温度(℃);

t_{lci}——第i次记录的太阳能子系统进口温度(℃);

ΔT_i——第i次记录的时间间隔(s)。

2 若换热器置于水箱(罐)中直接给水箱(罐)加热,则太阳能子系统集热量可以通过下式进行计算:

$$Q_c = 10^{-3} V \rho_w C(t_{hc} - t_{lc}) \qquad (8.4.9\text{-}2)$$

式中:Q_c——太阳能子系统集热量(MJ);

V——水箱(罐)容积(m^3);

ρ_w——水的密度,取$1000 kg/m^3$;

C——水的定压比热容,取$4.2 kJ/(kg \cdot ℃)$;

t_{hc}——太阳能子系统热水温度(℃);

t_{lc}——太阳能子系统冷水温度(℃)。

8.4.10 太阳能子系统贡献率按下式计算:

$$\theta = \frac{Q_c}{Q_s + Q_1} \qquad (8.4.10)$$

式中:θ——太阳能子系统贡献率;

Q_c——太阳能子系统集热量(MJ);

Q_s——系统加热量(MJ);

Q_l——由于储热、输送等过程产生的热损失(MJ)。太阳能子系统制热完毕后,由于实际使用时间的不确定性,热水静置至供热时间产生的热损失以及供热过程管路热损失。

8.4.11 由于储热、输送等过程产生的热损失按下式计算:

$$Q_l = 10^{-3} V \rho_w C(t_h - t_{h'}) + Q_s \eta_s \qquad (8.4.11)$$

式中:Q_l——由于储热、输送等过程产生的热损失(MJ);

V——水箱(罐)容积(m³);

ρ_w——水的密度,取 1000kg/m³;

C——水的定压比热容,取 4.2kJ/(kg·℃);

t_h——热水温度(℃);

$t_{h'}$——实际使用时或空气源热泵子系统开启补热前的热水温度(℃);

Q_s——系统加热量(MJ);

η_s——系统供热损失系数,取 5%~10%。

8.4.12 集热水箱(罐)和供热水箱(罐)热损系数测试应符合以下规定:

1 工程用(容积≥600L)水箱(罐)测试持续的时间从 20:00 开始至次日 6:00 结束;家用(容积＜600L)水箱(罐)测试持续的时间从 20:00 开始至次日 4:00 结束。测试开始时水箱(罐)水温不得低于 50℃,与水箱(罐)所处环境温度差不小于 20℃。测试期间应确保水箱(罐)的水位正常,且无冷热水出入水箱(罐)。

2 测试参数包括水箱(罐)内水的初始温度、结束温度、水箱(罐)容水量、环境温度等。

3 水箱(罐)热损系数根据下式计算得出:

$$U_{SL} = \frac{\rho_w C}{\Delta \tau} \ln \frac{t_i - t_{as(av)}}{t_{as(av)}} \qquad (8.4.12)$$

式中：U_{SL}——水箱（罐）热损系数[kW/(m³·K)]；
　　　ρ_w——水的密度，取1000kg/m³；
　　　C——水的定压比热容，取4.2kJ/(kg·℃)；
　　　$\Delta\tau$——降温时间(s)；
　　　t_f——水箱（罐）最终水温(℃)；
　　　t_i——水箱（罐）初始水温(℃)；
　　　$t_{as(av)}$——降温期间平均环境温度(℃)。

9 运行管理与维护

9.1 一般规定

9.1.1 应对分散式热水系统用户提供说明书,对集中式热水系统用户进行操作培训,并制定详细的使用说明。

9.1.2 集中式系统交付使用后,应建立相应管理制度,包括系统的运行、维修、维护等制度以及热水收费方式等。

9.1.3 集中式系统投入使用后宜设专人负责系统的管理和运行。

9.1.4 运行维护应定期对计量数据进行分析,关注系统节能性;发现仪表显示出现故障及系统运行失常,应及时组织检修。

9.1.5 系统维护报告的格式和内容要求,应按照本标准附录 E 进行填写。

9.1.6 安全检查、系统运行管理与维护由业主或业主委托的专业机构负责。

9.2 安全检查

9.2.1 应定期对太阳能集热器和空气源热泵机组进行安全检查,包括定期检查热泵机组和集热器与基座和支架的连接、更换损坏的集热器,检查设备及管道的漏水情况;定期检查基座和支架的强度、锈蚀情况和损坏程度。系统的定期检查应按照建设单位与施工单位之间的合同约定进行。

9.2.2 应对阳台、墙面等处安装的热泵机组室外机和集热器定期维护。

9.2.3 应定期检查确认热泵机组的电源和电气系统接线牢固、电气元件动作正常；如有问题，应及时维修和更换。

9.2.4 应在冬季之前进行防冻系统的检查。

9.2.5 应对系统防雷设施定期检查。

9.3 集热循环系统的运行管理与维护

9.3.1 在使用过程中应监控太阳能集热系统温度变化，避免集热器空晒和闷晒。

9.3.2 对于无防冻保护功能的系统，当环境温度低于系统最低许用温度时，应将系统排空；对于有防冻保护功能的系统，在冬季到来前应进行检查，并在冬季到来时启动防冻保护功能。

9.3.3 应定期清除集热器表面灰垢及系统内污垢，增强换热效果。

9.3.4 日常维护管理应符合以下规定：

    1 集热管应符合技术要求，无破损、污迹等故障出现。

    2 保持联箱（集管）外表面平整，无划痕、污染和其他缺陷。

    3 及时发现、及时更换有裂痕、划伤或发黏、老化的密封件材料。

9.3.5 应定期检查集热系统循环工质，防止工质泄漏；用防冻液的系统应定期检查防冻液，确保没有变质和泄漏。

9.4 空气源热泵机组的运行管理与维护

9.4.1 应定期检查空气源热泵机组循环泵、水路阀门。

9.4.2 应定期清洗空气侧换热器、过滤器水垢。

9.4.3 若机组有零件损坏需要更换，应使用原厂配件，不应更换不相匹配的零部件。

9.4.4 应对热泵系统运行时各参数进行监控，及时发现可能存在的问题并采取相应的措施。

9.4.5 空气源热泵机组周围禁止堆放杂物,机组周围应保持清洁干燥、通风良好。

9.5 循环泵的运行维护管理

9.5.1 循环泵的运行管理应符合以下规定:
  1 启动前的检查与准备:水泵及电机的地脚螺栓与联轴器螺栓应无脱落或松动;系统应充满水。
  2 循环泵运行管理:水泵启闭应符合温控设定要求;电机不能有过高的温升,无异味产生;轴承温度不能超过周围环境温度35℃～40℃;无异常噪声和振动;减振装置受力均匀,进出水管处的软接头无明显变形;电流在正常范围内;压力表指示正常且稳定,无剧烈抖动。

9.5.2 循环泵的维护保养应符合以下规定:
  1 加油:循环泵使用期间,每工作2000h要换油1次。
  2 更换轴封:当发现漏水或漏水滴数(ml/h)超标时,应压紧或更换轴封。
  3 检修:每年对循环泵进行1次检修,包括清洗和检查,必要时进行解体检修。
  4 防锈刷漆:每年对无保温处理的循环泵表面进行1次除锈刷漆。

9.6 自动控制系统的运行管理与维护

9.6.1 若出现电气故障,内部电气电路应由专业的维修人员进行维修。

9.6.2 监测系统所取得数据应定期存储备份,汇总分析。

9.6.3 应对变送器、重点传感器、调节器、执行器等重点元器件进行定期保养和维护。

附录 A 不同建筑类型太阳能与空气源热泵热水系统组合选型

系统选择	建筑物类型	居住建筑					公共建筑			
		低层	多层	高层	养老院	学生宿舍	办公楼	宾馆	医院	游泳馆
集热与供热水范围	分散式	●	●	●	—	—	—	—	—	—
	集中-分散式	—	●	●	●	●	●	●	●	—
	集中式	—	—	—	●	●	●	●	●	●
集热器与热泵连接方式	直膨式	●	●	●	●	—	—	—	—	—
	并联式	—	●	●	●	●	●	●	●	●

注：1　"●"表示建议选用，"—"表示不建议选用。
　　2　"办公楼"指有集中热水供应的公共建筑。
　　3　表中未提及的建筑，可参照相似建筑。

附录 B 太阳能与空气源热泵热水系统分项工程检验批质量验收记录

工程名称		分项工程名称		检验批/分项系统、部位	
施工单位		专业工长		项目经理	
施工执行标准名称及编号		系统供应商		系统集成商	
分包单位		分包项目经理		班组长	
验收规范规定			施工单位检查评定记录		监理(建设)单位验收记录
主控项目					
一般项目					
施工单位检查评定结果	项目专业质量检查员： (项目技术负责人)				年 月 日
监理(建设)单位验收结论	监理工程师： (建设单位项目专业技术负责人)				年 月 日

附录 C 太阳能与空气源热泵热水系统分项工程质量验收记录

工程名称			检验批数量	
设计单位			监理单位	
施工单位		项目经理		项目技术负责人
分包单位		分包单位负责人		分包项目经历
序号	检验批部位、区段、系统		施工单位检查评定结果	监理（建设）单位验收结果
验收结论				

施工单位项目经理： 年　月　日	监理工程师： （建设单位项目专业技术负责人）： 年　月　日

附录 D 太阳能与空气源热泵热水系统工程质量验收记录

<table>
<tr><td colspan="3">工程名称</td><td></td><td colspan="2">太阳能热水系统/空气源热泵品牌及型号</td><td></td></tr>
<tr><td colspan="3">结构类型</td><td>层次</td><td colspan="2">建筑面积</td><td></td></tr>
<tr><td colspan="3">开工日期</td><td>完工日期</td><td colspan="2">验收日期</td><td></td></tr>
<tr><td colspan="3" rowspan="3">系统类型</td><td>分散式系统</td><td rowspan="3">使用户数或台数</td><td rowspan="3" colspan="2">使用层次</td></tr>
<tr><td>集中式系统</td></tr>
<tr><td>集中-分散式系统</td></tr>
<tr><td rowspan="14">验收内容及自评意见</td><td colspan="2">分项工程验收</td><td colspan="4">共检验____批,经查符合标准和设计要求____个分项</td></tr>
<tr><td colspan="2" rowspan="2">质量控制资料核查</td><td colspan="4">质量控制资料共____项,经查符合要求____项</td></tr>
<tr><td colspan="4">经核定符合规范要求____项</td></tr>
<tr><td colspan="3">系统实体检验</td><td></td><td>检验结论</td><td>检验时间</td></tr>
<tr><td rowspan="5">1</td><td rowspan="5">系统一般检验</td><td colspan="3">系统组装和安装</td><td></td><td></td></tr>
<tr><td colspan="3">系统部件明显缺陷</td><td></td><td></td></tr>
<tr><td colspan="3">系统控制器和控制传感器</td><td></td><td></td></tr>
<tr><td colspan="3">系统防冻保护措施</td><td></td><td></td></tr>
<tr><td colspan="3">系统材料过热保护</td><td></td><td></td></tr>
<tr><td>2</td><td colspan="4">系统水质检验</td><td></td><td></td></tr>
<tr><td>3</td><td colspan="4">系统热性能检验</td><td></td><td></td></tr>
<tr><td rowspan="2">4</td><td rowspan="2" colspan="2">系统试运行</td><td colspan="2">水压试验与冲洗</td><td></td><td></td></tr>
<tr><td colspan="2">系统调试</td><td></td><td></td></tr>
</table>

续表

验收意见		
施工单位(总包)		专业施工单位(分包)	
项目经理： 年 月 日		项目经理： 年 月 日	
监理单位	设计单位	建设单位
总监理工程师： 年 月 日	设计负责人： 年 月 日	项目负责人： 年 月 日

附录 E 太阳能与空气源热泵热水系统维护报告表

工程名称		检测单位	
维护项目		检测记录及意见	
1)环境参数监控	①太阳辐照量($MJ/m^2 \cdot d$)		
	②环境风速(m/s)		
	③环境温度(℃)		
2)太阳集热器性能检测	①集热器进口温度(℃)		
	②集热器出口温度(℃)		
	③循环流量(m^3/h)		
3)空气源热泵性能检测	①热水侧进口水温(℃)		
	②热水侧出口水温(℃)		
	③循环水流量(m^3/h)		
	④压缩机功耗(W)		
4)温度传感器检查或更换			
5)流量计量装置检查			
6)电路检查			
7)管道附件检查	①阀门		
	②压力表		
	③温控器		
	④温度计		
	⑤水循环管路		
	⑥制冷剂循环管路		
8)管道、设备防水防漏检查			
9)保温检查			
维护负责人	负责人： 年　月　日	检测人员	检测人： 年　月　日

本标准用词说明

1 为便于在执行本标准条文时区别对待,对要求严格程度不同的用词说明如下:
 1)表示很严格,非这样做不可的用词:
  正面词采用"必须";
  反面词采用"严禁"。
 2)表示很严格,在正常情况下均应这样做的用词:
  正面词采用"应";
  反面词采用"不应"或"不得"。
 3)表示允许稍有选择,在条件许可时首先应这样做的用词:
  正面词采用"宜";
  反面词采用"不宜"。
 4)表示有选择,在一定条件下可以这样做的用词,采用"可"。

2 条文中指明应按其他有关标准执行的写法为"应按……执行"或"符合……要求(或规定)"。

引用标准名录

1 《建筑给水排水设计标准》GB 50015
2 《建筑物防雷设计规范》GB 50057
3 《电气装置安装工程电缆线路施工及验收规范》GB 50168
4 《电气装置安装工程接地装置施工及验收规范》GB 50169
5 《钢结构工程施工质量验收规范》GB 50205
6 《屋面工程质量验收规范》GB 50207
7 《建筑防腐蚀工程施工及验收规范》GB 50212
8 《建筑防腐蚀工程质量检验评定标准》GB 50224
9 《现场设备、工业管道焊接工程及验收规范》GB 50236
10 《建筑给水排水及采暖工程施工质量验收规范》GB 50242
11 《压缩机、风机、泵安装工程施工及验收规范》GB 50275
12 《建筑电气工程施工质量验收规范》GB 50303
13 《民用建筑太阳能热水系统应用技术规范》GB 50364
14 《民用建筑节水设计标准》GB 50555
15 《建筑机电工程抗震设计规范》GB 50981
16 《工业设备及管道绝热工程施工质量验收标准》GB/T 50185
17 《设备及管道绝热技术通则》GB/T 4272
18 《总辐射表》GB/T 19565
19 《家用和类似用途热泵热水器》GB/T 23137
20 《空气源热泵辅助的太阳能热水系统(储水箱容积大于0.6m³)技术规范》GB/T 26973
21 《热量表》CJ 128
22 《生活热水水质标准》CJ/T 521
23 《太阳能热水系统应用技术规程》DG/TJ 08−2004A

24 《公共建筑节能设计标准》DGJ 08-107
25 《居住建筑节能设计标准》DGJ 08-205
26 《公共建筑用能监测系统工程技术标准》DGJ 08-2068

上海市工程建设规范

太阳能与空气源热泵热水系统应用技术标准

DG/TJ 08-2316-2020
J 15142-2020

条 文 说 明

2020　上海

目 次

1 总 则 …………………………………………………… 61
2 术语与符号 …………………………………………… 62
　2.1 术 语 …………………………………………… 62
3 基本规定 ……………………………………………… 64
4 建筑规划和设计 ……………………………………… 66
　4.1 一般规定 ………………………………………… 66
　4.2 建筑设计 ………………………………………… 67
　4.3 结构设计 ………………………………………… 68
　4.4 电气设计 ………………………………………… 70
5 系统设计 ……………………………………………… 71
　5.1 一般规定 ………………………………………… 71
　5.2 系统选择匹配 …………………………………… 75
　5.3 集热器与热泵主机设计要求 …………………… 75
　5.4 水箱(罐)设计 …………………………………… 77
　5.5 管道及循环泵设计 ……………………………… 77
　5.6 监控系统设计 …………………………………… 78
　5.7 热水系统保温 …………………………………… 80
6 安装与施工 …………………………………………… 81
　6.1 一般规定 ………………………………………… 81
　6.2 基座与支架 ……………………………………… 82
　6.3 集热器、热泵主机与水箱(罐) ………………… 83
　6.4 管道、附件及循环泵 …………………………… 84
　6.5 电气与自动控制系统 …………………………… 84
　6.6 水压试验与冲洗 ………………………………… 84

6.7 系统调试 ………………………………………………… 85
7 工程验收 …………………………………………………… 86
  7.1 一般规定 ………………………………………………… 86
  7.2 基座与支架 ……………………………………………… 86
  7.3 集热器、热泵主机与水箱(罐) ………………………… 87
  7.4 管道、电气控制系统 …………………………………… 88
  7.5 分项工程 ………………………………………………… 88
8 性能检测 …………………………………………………… 90
  8.1 一般规定 ………………………………………………… 90
  8.2 测试条件 ………………………………………………… 90
  8.4 测试方法 ………………………………………………… 91
9 运行管理与维护 …………………………………………… 93
  9.1 一般规定 ………………………………………………… 93
  9.2 安全检查 ………………………………………………… 93
  9.3 集热循环系统的运行管理与维护 ……………………… 93
  9.4 空气源热泵机组的运行管理与维护 …………………… 94

Contents

1 General provisions 61
2 Terms and symbols 62
   2.1 Terms 62
3 Basic requirements 64
4 Architecture planning and design 66
   4.1 General requirements 66
   4.2 Architecture design 67
   4.3 Structure design 68
   4.4 Electrical design 70
5 System design 71
   5.1 General requirements 71
   5.2 System selection and matching 75
   5.3 Design requirement of solar energy and air-source heat pump system 75
   5.4 Design of water tank 77
   5.5 Design of pipeline and circulating pump 77
   5.6 Design of control system 78
   5.7 System heat preservation 80
6 Installation and operation 81
   6.1 General requirements 81
   6.2 Base and bracket 82
   6.3 Collectors, heat pump compressor and water tank 83
   6.4 Pipeline, accessory and circulating pump 84

6.5	Electrical and automatic control system	84
6.6	Hydrostatic test and flushing	84
6.7	System commissioning	85
7	Project acceptance	86
7.1	General requirements	86
7.2	Base and bracket	86
7.3	Collectors, heat pump compressor and water tank	87
7.4	Pipeline and electrical control system	88
7.5	Sub-project	88
8	Performance measuring	90
8.1	General requirements	90
8.2	Test condition	90
8.4	Test methods	91
9	Operation and maintenance	93
9.1	General requirements	93
9.2	Security inspection	93
9.3	Operation and maintenance of collector cycle system	93
9.4	Operation and maintenance of air-source heat pump	94

1 总　则

1.0.1 本标准旨在规范上海市建筑应用太阳能与空气源热泵热水系统的规划、设计、施工安装、质量验收及运行维护，积极推广太阳能热利用和空气源热泵在建筑中的应用。

1.0.2 本条规定了本标准的适用范围。改造既有建筑中已安装的太阳能与空气源热泵热水系统和在既有建筑中增设太阳能与空气源热泵热水系统，首先须通过结构复核或法定的房屋检测单位检测认可后，再由有资质的建筑设计、施工单位进行太阳能与空气源热泵热水系统的设计与安装。在技术和经济条件满足增设太阳能与空气源热泵热水系统的情况下，工业建筑也可以根据自身条件选用适当的太阳能与空气源热泵热水系统。

1.0.3 太阳能与空气源热泵热水系统由集热器、水箱（罐）、管道、控制系统及热泵装置构成。这些装置在材料、技术要求以及设计、安装、施工、验收、评价等方面，均有相应产品的国家标准，因此太阳能与空气源热泵热水系统产品应符合这些标准的要求。

　　同时该系统也涉及建筑、结构、给排水、电气等各个专业的协同配合，其设计、安装和验收涉及不同行业，应符合行业内相关标准，尤其是强制性标准。

2 术语与符号

2.1 术 语

本标准中的术语包括建筑工程、太阳能热利用和热泵技术三方面。为了使建筑设计人员和太阳能技术人员互相沟通,密切配合,加快太阳能与空气源热泵热水系统与建筑一体化进程,经标准编制组收集、归纳和整理,将主要的术语编入本标准。

2.1.3 太阳能与空气源热泵热水系统是太阳能子系统与空气源热泵子系统集成的系统,并非单独设置的太阳能热水系统或空气源热泵热水系统。

2.1.6 并联式太阳能与空气源热泵热水系统相比于传统燃油、燃气炉等,更安全(无漏油、漏气等隐患)、更清洁(无废热、废水、废气排放,减少化石燃料的燃烧)、高效节能(太阳能与热泵系统的合理配置只消耗少量的电能,即可制备成倍的热量);相比于太阳能热水系统,占地面积更小,对气候依赖度更小,稳定性更高;运行维护成本很低。但设备初投资较高,此外,既有建筑安装太阳能与空气源热泵热水系统受安装条件和场地限制。

2.1.7~2.1.9 对于集中式热水系统或集中-分散式热水系统,独立设置集热水箱(罐)与供热水箱(罐);对于分散式热水系统,太阳能子系统与空气源热泵子系统共用一个水箱(罐),并直接向用户供热水。

2.1.12~2.1.13 对于太阳能保证率与太阳能贡献率的概念,太阳能保证率是名义值,在给定水箱(罐)容积、水温变化的条件下,太阳能子系统的集热量占系统总加热量的百分比。而在实际应用过程中,太阳能子系统的集热量存在不能被及时利用的情况,在储热、输送等过程中会产生热损失。太阳能贡献率是指实际使用时,太阳能子系统的集热量占系统实际总加热量的百分比。因此,太阳能贡献率通常会小于太阳能保证率。当涉及可再生能源补贴政策中可再生能源占比计算时,应按太阳能贡献率计算。

3 基本规定

3.0.3 本条对太阳能与空气源热泵热水系统的可靠性能进行了强调,太阳能与空气源热泵热水系统应有抗击不利自然条件的能力,其中包括应有可靠的防冻、防结露、防过热(设置自动排气阀或泄压阀等)、防渗漏、防雷、抗雹、抗风、抗震等技术措施。特别是对于太阳能与空气源热泵热水系统供热水温度过高现象,应采取适当的安全防护措施,如自动混水阀等,以避免热水烫人事故的发生。此外,对太阳能集热循环,传热工质温度过高,易造成工质气化及集热循环受阻等事故发生,应设置自动排气阀或泄压阀等,防止集热器温度过高造成损坏。

3.0.4 本条规定太阳能与空气源热泵热水系统设计、布置管道、安装要求应符合建筑给排水规范要求。

3.0.5 本条要求太阳能与空气源热泵热水系统的所有设备以及部件均应具有产品合格证书以及使用说明书。本条主要目的在于控制太阳能与空气源热泵热水系统各子部件质量,进而控制太阳能与空气源热泵热水系统的质量,从而保证工程质量。同时针对安装在建筑墙面、阳台等部位的热泵机组室外机和太阳能集热器,为防止部件损坏时掉下伤人,建筑设计应采取必要的技术措施,如设置挑檐或防护网等。

3.0.6 本条规定了太阳能与空气源热泵热水系统需经过安全检查和系统调试,在建筑结构、给排水系统以及涉及安全方面的验收应与施工同步,同时在交付用户之前必须进行试运行,使其满足工程设计要求,通过工程验收。本条主要目的在于防止太阳能与空气源热泵热水系统在用户未使用时即发生质量问题,以防给用户造成损失。

3.0.7 本标准第 8 章提出了相应的系统性能测试方法,该方法必须通过测试得到太阳能与空气源热泵热水系统中的各类参数,通过公式计算进而得到系统各项指标。因此,在太阳能与空气源热泵热水系统设计中应预留或安装测试仪器仪表的接口,从而为检测和评价工作打好基础。

4 建筑规划和设计

4.1 一般规定

4.1.1 本条是建筑规划和设计应遵循的基本原则。

建筑规划和设计是在一定的规划用地范围内进行的,要对各种规划要素进行考虑和确定,要结合太阳能与空气源热泵热水系统设计确定建筑物朝向、日照标准、房屋间距、密度、建筑布局、道路、绿化和空间环境,并将其组成有机整体。而这些均与建筑物所处建筑气候分区、规划用地范围内的现状条件及社会经济发展水平密切相关。在规划设计中应充分考虑、利用和强化已有特点和条件,为整体提高建筑和规划设计水平创造条件。

太阳能与空气源热泵热水系统设计应由建筑设计单位和太阳能与空气源热泵热水系统产品供应商相互配合共同完成。

首先,建筑师要根据建筑类型、使用要求确定太阳能与空气源热泵热水系统类型、安装位置、色调、构成要求,向建筑给水排水工程师提出对热水的使用要求;给水排水工程师进行太阳能热水系统设计、布置管道、确定管道走向;结构工程师在建筑结构设计时,应考虑太阳能集热器和热泵以及水箱(罐)的荷载,以保证结构的安全性,并埋设预埋件,为太阳能集热器与热泵的锚固、安装提供安全可靠的条件。电气工程工程师在设计时,应满足系统用电负荷和运行安全要求,并进行防雷设计。

建筑设计要满足太阳能与空气源热泵热水系统的承重、抗风、抗震、防水、防雷等安全要求及维护检修的要求。

太阳能与空气源热泵热水系统产品供应商须向建筑设计单位提供太阳能集热器和热泵的规格、尺寸、荷载,预埋件的规格、尺寸、安装位置及安装要求；提供太阳能与空气源热水系统的热性能等技术指标及其检测报告（3年有效期）；保证产品质量和使用性能。

4.1.2 热泵室外机组和太阳能集热器是太阳能与空气源热泵热水系统中重要的组成部分，一般设置在建筑屋面（平、坡屋面）、阳台栏板、外墙面上，或设置在建筑的其他部位。建筑设计需将所设置的太阳能集热器作为建筑的组成元素，与建筑整体有机结合，保持建筑物外观的和谐统一，并与周围环境相协调，包括建筑风格、色彩。当太阳能集热器作为屋面板、墙板或阳台栏板时，应满足该部位的承载、保温、隔热、防水及防护功能。

4.1.3 本条突出强调太阳能集热器与空气源热泵室外机在建筑工程中的一体化设计，与建筑的一体化设计对于建筑设计提出了更高的要求，强调在设计中以建筑专业为龙头，协调组织结构、给排水、电气、暖通等专业。对建筑屋面、墙面、阳台等处设置的集热器尺寸需优先选用适合建筑模数的标准化产品，不仅实现与建筑设计的协调一致，同时保证系统的高效运转。

4.2 建筑设计

4.2.1 本条规定太阳能与空气源热泵热水系统设计应与建筑的室内外设计紧密结合，并应根据市区、郊区的不同环境及规划要求合理选择安装位置。在规划设计时，建筑的体形和空间组合应考虑太阳能与空气源热泵热水系统的应用，以获得更多的阳光。同时在建筑设计中应避免立面上的凹凸对阳台和墙面布置的集热器产生遮挡，集热器的安装应注意避免相互遮挡。

4.2.2 本条规定在市区人口密集地区，由于高层建筑密集，应注意避免眩光对敏感目标的影响，包括对周围环境以及道路交通的影响，尤其是设置在墙面以及阳台上的太阳能集热器。平板式集热器推荐选用绒面玻璃板。

4.2.5 本条对空气源热泵室外机安装要求的良好通风换热环境、噪声的影响和安装位置安全性等进行了约束。

4.2.6 本条是对空气源热泵机组和太阳能集热器安装在屋面上的要求。在屋面上安装需通过支架和基座予以固定。支架应采用螺栓固定在屋面上,并在螺栓周围作密封处理。

放置在屋面基座上时,基座应进行防水处理。不同基座采用不同防水方式。混凝土基座按相关的国家标准进行防水处理;对于钢基座,应先做混凝土支墩,支墩按照相关的国家标准进行防水处理。

对于安装设备的非上人屋面出入口和人行通道之间做刚性保护层以保护防水层,一般可铺设水泥砖、瓷砖等。

4.2.7 本条提出了对太阳能集热器和空气源热泵机组设置在墙面上的要求。

热泵机组和太阳能集热器应通过墙面上的预埋件与主体结构连接。在结构设计时,墙面应能承受荷重且有一定宽度保证集热器的合理布置。管道穿墙应避开结构柱,不得影响结构安全。

4.3 结构设计

4.3.1 太阳能与空气源热泵热水系统中的太阳能集热器和热泵机组、水箱(罐)等与主体结构的连接和锚固必须牢固可靠。主体结构的承载力必须经过计算或实物试验予以确认,并要考虑一定的安全系数。相关荷载应根据产品说明书确定。

主体结构为混凝土结构时,为了保证连接件与主体结构的连接可靠性,连接部位主体结构混凝土强度等级应不低于C20。

4.3.2 连接件与主体结构的锚固承载力应大于连接件本身的承载力,任何情况不允许发生锚固破坏。采用锚栓连接时,应有可靠的防松、防滑措施;采用挂接或插接时,应有可靠的防脱、防滑措施。

为了安全,建议对结构件和连接件的最小截面予以限制,如型钢(钢管、槽钢、扁钢)的最小厚度宜≥3mm,圆钢直径宜≥10mm,焊接角钢不宜小于∟45×4或∟56×36×4,螺栓连接用角钢不宜小于∟50×5。对金属材料应采取防腐蚀措施。太阳能集热器由玻璃真空管(或面板)和金属框架组成,自身变形较小,在水平地震或风荷载作用下,集热器本身结构会产生侧移。由于集热器本身不能承受过大位移,故只能通过弹性连接件来避免主体结构过大侧移的影响。

为防止主体结构水平位移使太阳能集热器、热泵机组或水箱(罐)损坏,连接件必须有一定的适应位移能力,使集热器、热泵机组和水箱(罐)与主体结构之间有活动的余地。

安装在屋面、阳台、墙面上的集热器、热泵机组与建筑主体结构通过预埋件连接。预埋件应在主体结构施工时按设计要求的位置和方法进行埋设,预埋件的位置应准确。当没有条件采用预埋件连接时,应采用其他可靠的连接措施,并通过试验确定其承载力。

4.3.3 太阳能与空气源热泵热水系统结构设计应区分是否抗震。上海属于抗震设防地区,应考虑地震作用。

经验表明,对于安装在建筑屋面、阳台、墙面或其他部位的空气源热泵机组和太阳能集热器主要受风荷载作用,抗风设计是主要考虑因素。但是地震是动力作用,对连接节点会产生较大影响,甚至使太阳能集热器脱落,所以除计算地震作用外,还必须加强构造措施。

对于安装在屋面上的太阳能与空气源热泵热水系统,可以单独考虑地震的水平作用。对于悬挂式安装的集热器,宜考虑竖向地震作用。计算连接件所受地震作用时,在上海地区,水平和竖向的地震作用可以取太阳能与空气源热泵热水系统或集热器的自重和水总质量的0.1。

4.4 电气设计

4.4.1~4.4.2 此两条是对太阳能与空气源热泵热水系统中使用电器设备的安全要求。

如果系统中含有电器设备,其电器安全应符合现行国家标准《家用和类似用途电器的安全 第1部分:通用要求》GB 4706.1和《贮水式电热水器的特殊要求》GB 4706.12 的要求。根据现行国家标准《民用建筑太阳能热水系统应用技术标准》GB 50364 及现行上海市工程建设规范《太阳能热水系统应用技术规程》DG/TJ 08－2004A,其剩余电流保护电流值不得超过 30mA。

4.4.4 本条对安装在建筑物围护结构上的太阳能与空气源热泵热水系统提出了防雷要求。太阳能与空气源热泵热水系统安装后应能抵御雷击,用钢筋或扁钢与建筑物避雷网焊接。新建建筑的太阳能与空气源热泵热水系统设计应符合现行国家标准《建筑物防雷设计规范》GB 50057 中的有关规定。既有建筑中增设的太阳能与空气源热泵热水系统,如不处于建筑物避雷系统的保护范围内,应按照现行国家标准《建筑物防雷设计规范》GB 50057 的要求增设避雷设施。同时对增设或改造太阳能与空气源热泵热水系统的防雷接地装置进行明确规定,原有防雷设施未达到设计要求时,必须采取补救措施。

5 系统设计

5.1 一般规定

5.1.3 太阳能与空气源热泵热水系统按照连接方式分为直膨式、串联式、并联式和混联式四种方式。根据用户现场条件、使用需求、自然条件以及集热器、压缩机和水箱（罐）等主要部件安装位置等因素确定连接方式和运行方式。上海市实际应用时不建议使用串联式和混联式太阳能与空气源热泵热水系统。建议使用直膨式太阳能热泵热水系统和并联式太阳能与空气源热泵热水系统，如图1所示。

对于分散式太阳能与空气源热泵热水系统，如图1(a)和(b)所示，当 $T_1-T_3>5℃$（可设定），且 $T_3<55℃$（设定温度）时，循环泵4开启；当 T_3 不能达到设定水温55℃时，循环泵4关闭，开启空气源热泵。

对于分散式直膨式太阳能热泵热水系统，如图1(c)所示，当 $T_1-T_3>5℃$（可设定），且 $T_3<55℃$（设定温度）时，压缩机3开启，通过热泵循环制取热水。

对于集中-分散式太阳能与空气源热泵热水系统，如图1(d)和(e)所示，当 $T_1-T_3>5℃$（可设定），且 $T_3<55℃$（设定温度）时，循环泵4、6开启；当 $T_1-T_3<4℃$（可设定），或 $T_3>55℃$（设定温度）时，循环泵4、6关闭；当 T_3 不能达到设定水温时，循环泵4、6关闭，开启空气源热泵。

对于集中式太阳能与空气源热泵热水系统（单水箱系统），如图1(f)所示，当 $T_1-T_3>5℃$（可设定），且 $T_3<55℃$（设定温度）时，循环泵4、6开启；当 $T_1-T_3<4℃$（可设定），或 $T_3>55℃$（设定温度)时,循环泵4、6关闭;当T_3不能达到设定水温时,循环泵4、6关闭,开启空气源热泵。

对于集中式太阳能与空气源热泵热水系统(双水箱系统),如图1(g)所示,当$T_3-T_4>5℃$(可设定),且$T_3<55℃$(设定温度)时,循环泵3、6开启;当$T_3-T_4<4℃$(可设定),或$T_4>55℃$(设定温度)时,循环泵3、6关闭;当T_4不能达到设定水温时,循环泵3、6关闭,开启空气源热泵。

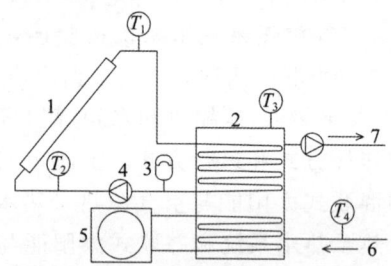

1—太阳能集热器;2—储热水箱;3—膨胀罐;4—太阳能循环泵;
5—空气源热泵(静态加热式);6—冷水供水;7—热水供水
(a) 分散式太阳能与空气源热泵热水系统(静态加热式)

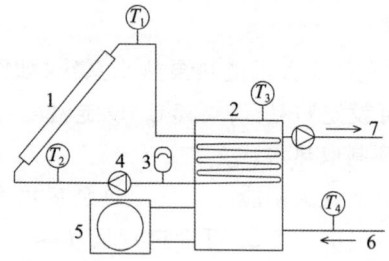

1—太阳能集热器;2—储热水箱;3—膨胀罐;4—太阳能循环泵;
5—空气源热泵(循环加热式);6—冷水供水;7—热水供水
(b) 分散式太阳能与空气源热泵热水系统(循环加热式)

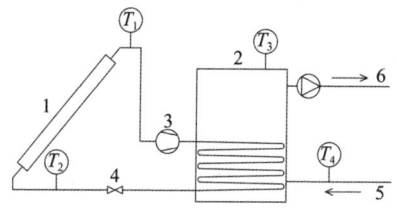

1—太阳能集热器;2—储热水箱;3—压缩机;
4—节流阀;5—冷水供水;6—热水供水
(c) 分散式直膨式太阳能热泵热水系统

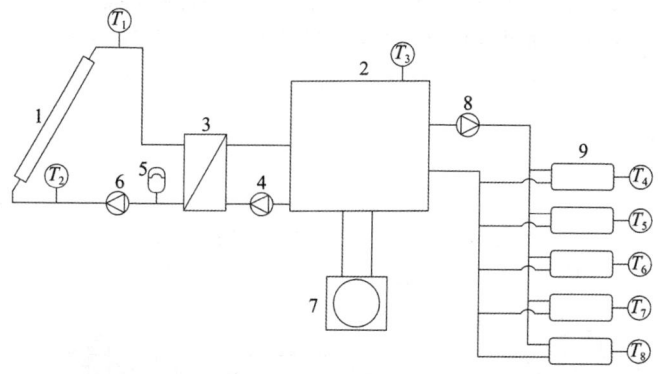

1—太阳能集热器;2—储热水箱;3—换热器;4—水箱换热循环泵;5—膨胀罐;
6—太阳能换热循环泵;7—空气源热泵机组;8—供热循环泵;9—室内水箱
(d) 集中-分散式太阳能与空气源热泵热水系统(承压式间接换热系统)

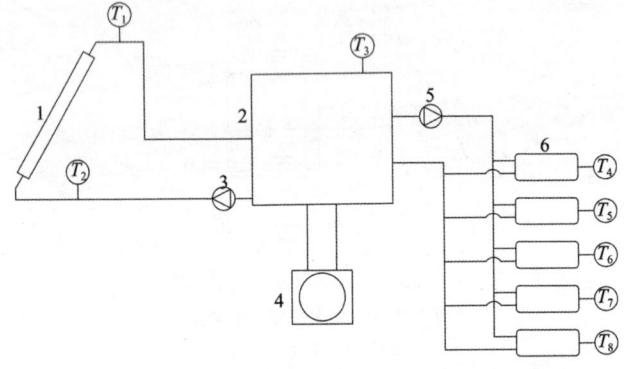

1—太阳能集热器;2—缓冲水箱;3—太阳能循环泵;
4—空气源热泵机组;5—供热循环泵;6—室内储热水箱
(e)集中-分散式太阳能与空气源热泵热水系统(非承压直接加热系统)

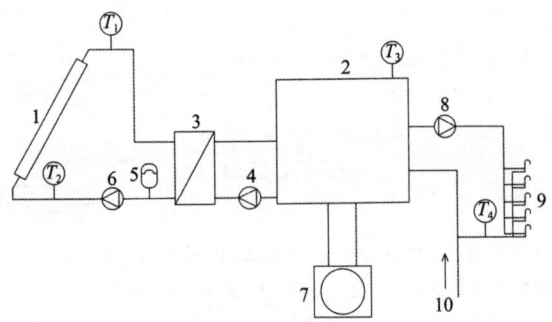

1—太阳能集热器;2—储热水箱;3—换热器;4—水箱换热循环泵;
5—膨胀罐;6—太阳能换热循环泵;7—空气源热泵机组;
8—供热循环泵;9—室内用水点;10—冷水供水
(f)集中式太阳能与空气源热泵热水系统(单水箱系统)

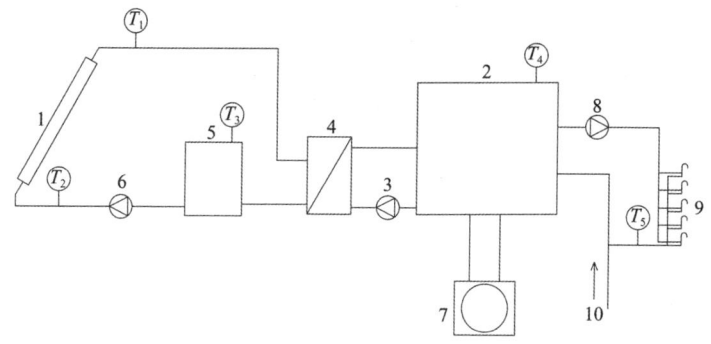

1—太阳能集热器;2—储热水箱;3—水箱换热循环泵;4—换热器;
5—缓冲水箱;6—太阳能换热循环泵;7—空气源热泵机组;
8—供热循环泵;9—室内用水点;10—冷水供水
(g)集中式太阳能与空气源热泵热水系统(双水箱系统)
图1 太阳能与空气源热泵热水系统示意图

5.1.4 根据现行国家标准《家用太阳能热水系统应用设计、安装及验收技术规范》GB/T 34377 及空气源热泵产品说明,空气源热泵主机、集热器等主要部件的正常使用寿命不应少于10年。

5.2 系统选择匹配

5.2.1 按太阳能与空气源热泵热水系统的各种分类,在每个工程中都可以对各种分类进行合理的组合,选择最适合于工程实际的太阳能与空气源热泵热水系统。

5.2.3 为了减少热损及循环阻力,循环管路应尽可能短。

5.3 集热器与热泵主机设计要求

5.3.1 太阳能与空气源热泵热水系统的集热系统的设计应符合现行上海市工程建设规范《太阳能热水系统应用技术规程》DG/TJ 08—2004A 的相关规定。该规程中确定了太阳能集热器的安装方位角、高度角,集热器前后间距,串并联方式,直接加热和间接加热的集热器面积。

5.3.2 上海地区冬季最低温度可达到－10℃,为保证正常工作,空气源热泵机组必须满足在该气温下能正常启动、工作,并达到一定的工作效率以满足热水要求,COP 限值满足本标准第5.3.5、5.3.6条的规定。

5.3.4 并联式太阳能与空气源热泵系统,空气源热泵子系统一般可将热水水温加热至 55℃。如设计温度要求达到 60℃,可采取如下措施:

1 天气晴好时,太阳能子系统可加热热水至 60℃。

2 对热泵机组而言,可采用高温热泵热水机组,能够将热水加热至 60℃(成本高一些)。

建议分散式热水系统 T_1 取 5h～8h,集中-分散式热水系统、集中式热水系统 T_1 取 8h～14h。

5.3.6 本条对将太阳能集热与热泵循环结合的直膨式热泵热水系统功率计算进行了说明。这类装置的集热器也是热泵循环的蒸发器,特点是有太阳辐射条件下,比空气源热泵能效高;没有太阳辐射条件下,按照空气源热泵原理工作,无需两套设备。适合分散式热水系统。根据长期实验结果,给出全年 COP 参考取值及冬季 COP 参考取值。

5.3.7 本条对太阳能与空气源热泵热水系统热泵机组功耗如何计算进行了说明。热泵主机标准工况下的 COP 值可以达到 5～6,实测的生活热水系统热源部分(不包括热水供回水管的热损)能效值约为 4.5,在冬季工况下的实测能效值约为 2.8。不同的产品热泵主机的能效值差异较大,但是也容易引起混淆。因此统一在一个相对比较可行的 COP 值,以保证系统的输入功率的计算的一致性,因为,热泵输入功率是体现配置水平的主要参数,这与鼓励采用能效值较高的技术产品是不矛盾的。能效值的主要优势体现在节能上,而且对系统的运行安全有更大的保障。

5.3.9 采用异程布置的管路容易造成机组之间工作的不均衡，设计人员如果经过精密计算并有合理的技术手段保证机组中各台主机工作的均衡性，则可以采用异程的管路形式。

5.4 水箱(罐)设计

5.4.2 热泵热水系统的水箱(罐)容积设计概念与常规能源的储热水箱(罐)是完全不同的，常规能源系统的水箱(罐)容积主要是调节最大时用水量与秒流量之间的不平衡关系。因为热泵热水系统中的小时供热量是平均时概念，水箱(罐)以日为单位计算调节容积，可以不考虑最大时与平均时的比值K_h。因此，必须配置大容量的水箱(罐)。现行国家标准《建筑给水排水设计标准》GB 50015对水箱(罐)的规定为：全日制集中热水供系统水箱(罐)有效容积，应根据日耗热量、热泵持续工作时间及热泵工作时间内耗热量等因素确定，当其因素不确定时宜按公式(5.4.2-1)计算。这个公式按设计小时耗热量持续时间来确定供热水箱(罐)的容积。在物理概念上是正确的，但很难取值。往往让设计人员无所适从。建议按公式(5.4.2-2)计算。这个公式的物理含义就是假设每天热泵工作时段内的产水量和供水量是平衡的，需要储存的是热泵不工作时段内的平均时用水量。

太阳能与空气源热泵热水系统通常采用容积式系统而非即热式。耗热量大于供热量，因此水箱(罐)体积存在非零最小值。

5.5 管道及循环泵设计

5.5.1 本条规定了热水系统循环管道和热水供应系统管道在跨越建筑伸缩缝、沉降缝、抗震缝等变形缝时的设计要求。原则上，热水管道应尽可能避免跨越伸缩缝、沉降缝等。

5.5.2 住宅建筑热水系统管道不应穿越卧室；穿越起居室必须

采用套管或采取其他有效措施,以免管道渗漏影响用户,同时也便于管道维修。

5.5.4 热水系统的循环泵一般功率不大,但需要常年运行,故应设备用泵。空气源热泵与太阳能组合的热水系统,二者的循环要求不尽相同,故应分开设置。

5.5.5 热泵热水系统的循环流量设计相对于太阳能集热系统更加明确,在换热量和温差确定的条件下易于确定。

5.5.6 循环泵靠近水箱(罐)是为了保证循环泵吸水安全。避免循环泵的设置位置过高(管网上端),而在循环泵吸水管上出现低压或负压释气现象,使循环泵出现空转、气蚀等不利状况。循环泵虽然功率小、噪声低,但不能忽视其对卧室、书房等有安静要求房间的影响。

5.5.9 循环泵进水管路使用弯头多,会增加局部水流阻力。进水口与弯头连接须保证一定的距离,该距离不应小于进水口直径的 5 倍,该值为根据常规循环泵的技术要求给出的参考值。

5.6 监控系统设计

5.6.1 太阳能与空气源热泵热水系统中各个分支系统采用全自动方式控制是系统能够维持运行的必要条件。本条对太阳能与空气源热泵热水系统的运行方式进行了规定。为保证热水系统能获得良好的节能效果,系统运行时需根据天气条件进行调节,即其热源需在太阳能与热泵之间进行切换,来保证热水的供水温度。其中,常用的热泵启动控制方式为定时自动启动,即到规定时间后,当水温低于使用要求时,启动热泵,当水温达到要求后停止;定时制集中供热水系统由于供水时间集中,热泵的启停控制方式采用手动启动和定时自动启动均可;全日制集中供热水系统要保证全天 24h 供应恒定温度的热水因初投资成本的限制或暂时条件不具备,非关键部件的控制可选择手动控制,但必须能够

保证系统的安全、稳定运行。针对不同需求的建筑,可采用以下运行策略:

1 对于热水需求时间段为白天的建筑(学校、办公楼等),白天开启太阳能子系统,集热水箱(罐)温度达到要求后送到供热水箱(罐)供应热水;若供热水箱(罐)未能达到水温需求,开启空气源热泵子系统加热以满足系统热水量需求;如有峰谷电差价,也可夜间谷电时段开启空气源热泵加热供热水箱(罐)热水。

2 对于热水需求时间段为晚上的建筑(居民住宅等),白天太阳能子系统工作对水加热;若水温未达到要求,开启空气源热泵子系统将水加热至设定温度;如有峰谷电差价,也可夜间谷电时段开启空气源热泵加热供热水箱(罐)热水。

3 对于24h需求热水的建筑(酒店、医院等),白天开启太阳能子系统,集热水箱(罐)温度达到要求后送到供热水箱(罐)供应热水;若未能达到热水需求,开启空气源热泵子系统以满足系统热水量需求;晚上单独开启空气源热泵子系统以满足热水量需求。

对于采用多台热泵主机的系统,热泵群控可按以下措施:在调节周期下,当水温不满足设定温度时,启动第一台压缩机;当水温仍然不满足设定温度时,启动1台以上的压缩机为增载;当水温达到设定温度时,不进行增载或减载;当水温高于设定温度时,停止1台以上的压缩机;当水温仍高于设定温度时,停止最后运行的压缩机;当水温超过设定温度较多时,所有启动的压缩机在较短时间内停机。

5.6.2 本条第7款:此种PLC(可编程控制器)控制系统可根据实际需求现场编程处理,后续追加功能亦可编程补充。集中热水供应系统中可以记录瞬间热水用水量、温度压力及其变化曲线(用水量、温度及供水压力变化曲线图),并能通过自动运行程序计算出日、月、年节能减排完成指标。此种控制系统价格昂贵,可根据业主经济实力及意愿安装。

5.6.3 远程管理系统随着互联网技术的发展已经变得比较容易实现。因此，在此作为一般要求提出。

某些不能自动补液的闭式介质循环太阳能和空气源热泵热水系统，如果压力过低，循环功能开启，而介质不循环，会导致循环泵或者压缩机烧毁；自动补液的闭式介质循环太阳能与空气源热泵热水系统，如果出现严重渗漏，会损失大量介质，同时大量的介质可能对用户产生漏水事故。因此，运行控制系统应具有智能诊断功能，如果出现可能导致严重后果的故障，应自行关闭循环功能或补液功能，并报警。

5.6.4 针对上海地区冬天室外气温大多数在0℃以上，但部分时间也会降至0℃以下的气候特点，对放置在室外的太阳能集热器、热泵主机及管道应注意防冻。本条给出了可供选择的防冻措施，可根据工程实际进行选用。

5.6.6 太阳能子系统的实际贡献率是指在实际使用中，太阳能子系统的集热量占系统实际总加热量的百分比。

5.7 热水系统保温

5.7.1 根据现行国家标准《设备及管道绝热设计导则》GB/T 8175的相关规定，具有下列情况之一的设备、管道、管件、阀门等（以下对管道、管阀门等统称为管道）应保温：

1 外表面温度大于323K(50℃)[环境温度为298K(25℃)时的表面温度]以及根据需要要求外表面小于或等于323K(50℃)的设备和管道。

2 介质凝固点高于环境温度的设备和管道。

太阳能与空气源热泵热水系统的设备及管道若不采取保温措施，不仅会造成能源的极大浪费，而且可能会造成烫伤事故，并会使较远配水点得不到规定水温的热水。

6 安装与施工

6.1 一般规定

6.1.1 专项施工方案是指导整个工程施工的前提条件,是保证施工质量的基本手段,对施工人员进行专业技术培训非常重要,因为系统涉及施工工序较多,只有经过专业技术培训才能完全按照规定的流程和要求作业。

6.1.2 太阳能与空气源热泵热水系统一般作为一个独立的工程由专业公司负责安装。本条强调并建议新建建筑安装太阳能与空气源热泵热水系统纳入建筑设备安装统一的施工组织设计中,与建筑设备整体的施工配合一致。

6.1.3 为保证太阳能与空气源热泵热水系统产品质量和规范市场,制定了一系列产品标准,包括国家标准和行业标准,涉及基础标准、测试方法标准、产品标准和系统设计安装标准四个方面。产品的性能包括太阳能集热器的承压、防冻等安全性能以及得热量、供热水温、热水量等要求;太阳能与空气源热泵热水系统必须满足相关的设计标准、建筑构件标准及相关产品标准和安装、施工规范要求。为保证太阳能与空气源热泵热水系统尤其是太阳能集热器的耐久性,本条提出系统各部分应符合相应国家产品标准的有关规定。

6.1.4 本条罗列了太阳能与空气源热泵热水系统安装前应具备的条件,目的在于规范系统的施工安装,提供优良的施工质量。

6.1.5 本条主要强调在既有建筑中安装太阳能与空气源热泵热水系统时,首先要经过结构核算,具体安装位置应有足够的承载能力。此外,施工过程不得造成结构性损坏。

6.1.6 既有太阳能与空气源热泵热水系统施工过程中,可能会对建筑屋面防水层及建筑物附属设施等造成一些损坏,但在系统安装完毕后,必须修复。

6.1.7 鉴于太阳能与空气源热泵热水系统的安装一般在土建工程完工后进行,而土建部位的施工大多由其他施工单位完成,本条强调了对相关土建部位的保护。

6.1.8 本条强调了对产品搬运、存放、吊装等过程的质量保护。

6.1.9 本条强调太阳能与空气源热泵热水系统应能保证使水能够从系统排空。

6.2 基座与支架

6.2.1 基座关系到太阳能与空气源热泵热水系统的稳定和安全,应与主体结构连接牢固。尤其是在既有建筑上增设的基座,由于不是同时施工,更要采取技术措施,与主体结构可靠地连接。

6.2.2 预埋件与基座之间的空隙,应用C25细石混凝土填捣密实或具有相应强度的其他材料,如Sika。

6.2.3 新建建筑上热水系统的基座都是在屋面结构层上现场砌(浇)筑。对于在既有建筑上安装的太阳能与空气源热泵热水系统工程,需要刨开建筑屋面做基座,因此将破坏建筑原有的防水结构。基座完工后,被破坏的部位应重新做防水。本条对此加以强调。

6.2.4 本条强调放置在建筑屋面上的预制基座在与建筑牢固连接的同时,不得破坏屋面防水层。

6.2.5 本条强调钢基座及混凝土基座顶面的预埋件应做防腐处理。

6.2.6 本条强调了太阳能与空气源热泵热水系统的支架应按图纸要求制作,强调支架应与主体结构固定牢靠,并要求准确定位,否则将造成支架偏移,影响安装的顺利进行。

6.2.7 为防止漏电伤人,本条强调钢结构支架应与建筑物接地系统可靠连接。

6.2.8 太阳能与空气源热泵热水系统的抗风能力主要是通过支架实现的,且由于现场条件不同,抗风措施也不同。本条对系统抗风要求加以强调。

6.2.9 本条强调了钢结构支架的防腐质量。热水系统安装支架应符合现行国家标准《钢结构工程施工质量验收规范》GB 50205的要求。

6.2.10 预留安装水平基础,防止出现积水现象。

6.3 集热器、热泵主机与水箱(罐)

6.3.1 本条规定了集热器倾角的推荐角度,集热器倾角应与当地纬度一致,如系统侧重在夏季使用,其倾角以为当地纬度减10°;如侧重在冬季使用,其倾角为当地纬度加10°。同时强调了集热器摆放位置以及与支架的固定要求,以防止集热器滑脱。

6.3.2 本条强调机组摆放位置的设计要求。

6.3.3 本条强调机组底部的减振措施及防止振动传播至主体建筑物的措施。

6.3.7 本条对不锈钢水箱(罐)的焊接质量进行了规定;同时对水箱(罐)内外壁尤其是内壁的防腐提出要求,以确保不危害人体健康和能承受热水温度。

6.3.10 系统之间的连接方式可能不同。本条对此加以强调,以防止连接方式不正确出现漏水,同时便于系统的维护与更换。

6.3.11 为防止系统漏水,本条对此加以强调,水压试验应根据本章规定进行。

6.4 管道、附件及循环泵

6.4.1 本条规定了太阳能与空气源热泵热水系统的管道安装应符合现行国家标准《建筑给水排水及采暖工程施工质量验收规范》GB 50242 的相关要求。

6.4.2 本条规定了太阳能与空气源热泵热水系统管道穿过屋面的安装要求。

6.4.3 本条强调了循环泵安装的质量要求。

6.4.4 本条强调了电磁阀安装的质量要求。电磁阀前应安装细网过滤器,阀后应设截止阀。

6.4.5 本条强调了各类阀门的材质及型号的相关规定。

6.4.6 本条强调了支架、托架及吊架的抗震要求。

6.5 电气与自动控制系统

6.5.1 本条规定了电缆线路及电气设施施工应符合现行国家标准《电气装置安装工程电缆线路施工及验收规范》GB 50168 和《建筑电气工程施工质量验收规范》GB 50303 的规定。

6.5.2 本条从安全角度强调所有电气设备和与电气设备相连接的金属部件应作接地处理。

6.5.3 本条规定对设置在屋面的热泵系统应设置防直击雷及防雷击电磁脉冲装置,并应按照现行国家标准《建筑物防雷设计规范》GB 50057 进行防雷测试。

6.6 水压试验与冲洗

6.6.1 为防止系统漏水,本条强调设备和管道保温之前,应进行水压或灌水试验。

6.6.2 本条规定了管道和承压设备的检漏试验。试验压力应符合设计要求。当设计未注明时,应按现行国家现行国家标准《建筑给水排水及采暖工程施工质量验收规范》GB 50242 的相关要求进行。非承压设备做满水灌水试验,满水灌水检验方法:满水试验静置 24h,观察不漏不渗。

6.7 系统调试

6.7.1 本条强调太阳能与空气源热泵热水系统必须进行系统调试,以确保系统正常运行。具备使用条件时,系统调试应在竣工验收阶段进行;不具备使用条件时,经建设单位同意,可延期进行。太阳能与空气源热泵热水系统应先做部件调试,包含循环泵、电磁阀、电气设备及控制系统,再进行系统调试。

6.7.4 本条强调系统联动调试完成后,应进行 3d 试运转,保证实际运行正常。

7 工程验收

7.1 一般规定

7.1.1 为便于太阳能与空气源热泵热水系统工程的验收,本标准将太阳能与空气源热泵热水系统作为独立的子分部工程验收,并明确了子分部划分的原则。

7.1.2~7.1.3 明确了太阳能与空气源热泵热水系统分项工程的检验批划分原则,将太阳能与空气源热泵热水系统分为直膨式与非直膨式太阳能热泵两类,另将非直膨式太阳能热泵系统分为集中式系统、集中-分散式系统、分散式系统三类,分别给出了检验批划分方法。

7.2 基座与支架

Ⅰ 主控项目

7.2.1 太阳能与空气源热泵热水系统基座安装应保证与建筑主体结构的可靠连接,并不得造成对建筑屋面防水层、保温层的破坏,影响建筑使用功能。基座固定件设计应优先考虑在结构施工期间预埋,当必须采用后置埋件做法时,设计单位应明确埋件布置、锚栓材料、规格、数量及拉拔力检测指标等。

7.2.2 为防止屋面太阳能与空气源热泵热水系统基座安装时(特别是对于在既有建筑上安装太阳能与空气源热泵热水系统时,需要刨开屋面面层做基座),因施工原因局部损坏已做好的屋面防水层,致使屋面丧失防水整体性,导致渗漏,应按现行国家标准《屋面工程质量验收规范》GB 50207 的规定验收。

7.2.3～7.2.5 此三条要求对照设计图纸和有关标准验收。

Ⅱ 一般项目

7.2.6 本条强调了钢结构支架的防腐质量,要求对照设计图纸和有关标准验收。

7.3 集热器、热泵主机与水箱(罐)

Ⅰ 主控项目

7.3.1 本条强调了集热器、热泵主机、水箱(罐)进场验收时对质量合格证明文件及型式检验报告的要求。验收时,应核对实物质量保证书、产品检测报告、型式检验报告。

7.3.3 本条强调了热泵主机摆放位置以及与支架的固定,以防止热泵主机滑脱。

7.3.4 当集热水箱(罐)或供热水箱(罐)注满水后,其自重将超过建筑楼板的承载能力,因此水箱(罐)基座必须设在建筑物承重墙(梁)上。

7.3.5 为防止集热水箱(罐)及供热水箱(罐)漏水,本条对此加以强调。

7.3.6 本条强调对管径、链接位置等细节的检查。

7.3.7 实际应用中,不少水箱(罐)采用钢板焊接,因此对内外壁尤其是内壁的防腐提出要求,以确保不危及人体健康和能承受的热水温度。

7.3.8 本条强调排空热泵主机内的积水,防止冬季冻结。

Ⅱ 一般项目

7.3.9 本条强调了热泵主机和集热器摆放位置以及与支架的固定,以防止热泵主机滑脱。

7.3.10 本条规定是为了避免循环管道积存空气,影响水循环。

7.3.11 本条规定是为了避免热泵主机内载热流体被冻结。

7.3.12 本条对系统间的连接加以强调,以防止热泵主机与太阳能系统之间连接方式不正确出现漏水。

7.3.13 对照设计图纸保温的要求,做针刺法检查。

7.3.14 本条规定是为了便于管理与维修。

7.4 管道、电气控制系统

I 主控项目

7.4.1 本条强调了太阳能与空气源热泵热水系统管道及附件进场验收时对质量合格证明文件及型式检验报告的要求。

7.4.2 本条规定了对阀门进行强度和严密性试验。

7.4.3 实际安装中,容易出现循环泵、电磁阀、阀门的安装方向不正确的现象,本条对此加以强调。

7.4.4 本条规定了管道和设备的检漏试验。对于各种管道和承压设备,试验压力应符合设计要求。

7.4.5 本条规定了管道穿过结构伸缩缝、抗震缝及沉降缝时,应根据不同的情况所采取的具体的保护措施。

7.4.9~7.4.10 在实际应用中,太阳能与空气源热泵热水系统常常会进行温度、温差、压力、水位、时间、流量等控制,这两条强调了温度传感器及温度计等的安装质量和注意事项。

7.5 分项工程

7.5.1 本条是对太阳能与空气源热泵热水系统分项工程检验批验收合格质量条件的基本规定。太阳能与空气源热泵热水系统分项工程检验批质量验收时,应填写本标准附录B《太阳能与空气源热泵热水系统分项工程检验批质量验收记录》。

7.5.2 本条是对太阳能与空气源热泵热水系统分项工程质量验

收合格的基本规定。太阳能与空气源热泵热水系统分项工程质量验收时,应填写本标准附录C《太阳能与空气源热泵热水系统分项工程质量验收记录》。

7.5.3 本条是对太阳能与空气源热泵热水系统工程质量验收的基本规定。太阳能与空气源热泵热水系统子分部工程质量验收时,应填写本标准附录D《太阳能与空气源热泵热水系统工程质量验收记录》。

8 性能检测

8.1 基本规定

8.1.1 由于太阳辐射全年变化很大,负荷也很难统一不变,因此通过长期的监测更能反映系统的真实性能,但是限于时间和经济因素,有时不具备长期监测的条件,需要选择一些典型的工况通过短期测试,计算出工程的性能。

8.1.2 本条规定了检测与评定的抽样方法及原则。

8.1.4 太阳能与空气源热泵热水系统综合性能评价指标主要包括太阳能保证率、集热效率、热泵COP。太阳能保证率不低于45%,集热效率不低于50%,热泵COP满足本标准第5.2.5、5.2.6条的规定。

8.2 测试条件

8.2.1 本条规定了长期监测的负荷率。对于太阳能与空气源热泵热水系统,负荷率过低,将不能反映系统的真实性能,因此应尽量接近系统的设计负荷。每年春分或秋分前后的至少60d气象条件可以基本反映全年的平均水平。

8.2.2 本条规定了短期测试的负荷率。

8.2.3 本条规定了太阳能热利用系统测试时的环境平均温度。环境温度对太阳能热利用系统的测评有一定的影响,应给出一定的限制。环境温度的给定:太阳能热水系统规定参考现行国家标准《太阳热水系统性能评定规范》GB/T 20095给出。

8.4 测试方法

8.4.1～8.4.2 此两条给出了直膨式与非直膨式太阳能热泵热水系统的建议测试方法。

8.4.3 通常情况下,太阳能集热器采光面正南放置,试验起止时间应为当地太阳正午时前4h到正午时后4h,共计8h。由于天气的不确定性,在一天中规定的一段时间内满足本标准第8.2.1条规定的太阳辐射量要求,可能需要很长的测试时间。因此,为了使测试能够正常进行,可采取截取太阳辐射量方法,以部分时间的测试数据进行代替。

考虑到不同的系统可能采用不同的热水加热方式,本条给出了两种系统加热量的计算公式,应根据系统实际情况选择合适的公式进行计算。

8.4.4 系统总电耗是指太阳能子系统与空气源热泵子系统工作时消耗的电能,通常包括了压缩机、循环泵等设备的电能消耗,是用于确定系统性能系数的重要参数。

8.4.5 本条给出了空气源热泵性能系数的计算方法。

8.4.6 本条给出了太阳能子系统集热效率的计算方法。与传统太阳能热利用系统不同,太阳能子系统的加热量为系统加热量减去空气源热泵加热量。

8.4.7 本条给出了太阳能与空气源热泵热水系统性能系数的计算方法。

8.4.8 本条给出了测量计算太阳能保证率的方法。现行国家标准《民用建筑太阳能热水系统应用技术规范》GB 50364给出了不同地区太阳能供热采暖系统的太阳能保证率的推荐值。实际工程中,应根据系统使用期内的太阳辐照、系统经济性及用户要求等因素综合考虑后确定。

8.4.10 本条给出了计算太阳能贡献率的方法。太阳能贡献率是指实际使用时,太阳能子系统的集热量占系统实际加热量的百分比。系统实际加热量包括系统加热量以及由于储热、输送等过程产生的热损失。

8.4.12 本条规定了水箱(罐)热损系数的测试和计算方法。水箱(罐)热损系数的测试和计算方法主要参照现行国家标准《家用太阳热水系统技术条件》GB/T 19141 中水箱(罐)热损系数的检测方法。在测量时应注意,由于工程中水箱(罐)体积一般较大,水箱(罐)中水温会产生分层现象。因此,在测量开始时水箱(罐)内水温度和开始时水箱(罐)内水温度时,应使水箱(罐)内上下层的水充分混合,使上下层水温温差小于 1.0K。根据目前主要厂家产品情况,太阳能集热系统的水箱(罐)热损系数应不大于 16W/(m³·K)。

9 运行管理与维护

9.1 一般规定

9.1.1 不同建筑的太阳能与空气源热泵热水系统有所差异,应制定与实际系统相对应的使用说明。

9.1.2 管理制度应考虑不同系统的差异性。

9.1.3～9.1.5 系统正常运行期间,对系统的监测与维护应由专业部门定期进行;当系统发生故障并检修后,应对系统进行检测,确保运行恢复正常。

9.2 安全检查

9.2.4 热水系统室外管路在冬季运行时可能会产生冻堵现象,从而影响系统的运行甚至对系统结构造成破坏,应在冬季之前确保系统的防冻装置状态良好,从而避免冻堵。

9.3 集热循环系统的运行管理与维护

9.3.1 空晒和闷晒会对太阳能集热器造成较大的损害。处于闷晒条件下的集热器,会因吸热板温度过高损坏吸热涂层,并且由于箱体温度过高而发生变形以致造成玻璃破裂,以及损坏密封材料和保温层等。因此,系统运行维护人员应在日常的工作中经常监视太阳能集热系统的温度变化,采取相应措施,如在集热器上加盖遮挡物,排除故障后再移去等,应尽量避免太阳能集热系统在运行中发生空晒和闷晒现象。

9.3.3 对真空管集热器,灰尘会附着在真空管及反光板上,日久会影响其透射率及反光板的反射率;对平板型集热器,灰尘会附着在玻璃盖板表面,影响其透射率。因此,可半年至1年对集热器擦洗1次。

9.4 空气源热泵机组的运行管理与维护

9.4.1～9.4.5 换热器结垢以及制冷剂泄露等导致系统效率恶化,清除水垢、灰尘、胶状物质和微生物黏泥等污垢,可改善热效率转换效果,及时检查并补充制冷剂,可使热泵机组安全高效运行。因此,应定期每年对系统进行一次保养。